污染源普查中的数据审核评估思路与方法

——基本信息及产业活动水平

刘孝富　张志苗　王　莹　邱文婷　罗　镭　刘柏音 / 编著

中国环境出版集团·北京

图书在版编目（CIP）数据

污染源普查中的数据审核评估思路与方法：基本信息
及产业活动水平/刘孝富等编著. —北京：中国环境出版
集团，2020.12
ISBN 978-7-5111-4573-4

Ⅰ．①污…　Ⅱ．①刘…　Ⅲ．①污染源调查—统计数
据—评估方法—中国　Ⅳ．① X508.2

中国版本图书馆 CIP 数据核字（2020）第 258776 号

出 版 人　武德凯
责任编辑　曲　婷
责任校对　任　丽
封面设计　宋　瑞

出版发行　中国环境出版集团
　　　　　（100062　北京市东城区广渠门内大街 16 号）
　　　　　网　　址：http://www.cesp.com.cn
　　　　　电子邮箱：bjgl@cesp.com.cn
　　　　　联系电话：010-67112765（编辑管理部）
　　　　　发行热线：010-67125803，010-67113405（传真）
印　　刷　北京中献拓方科技发展有限公司
经　　销　各地新华书店
版　　次　2020 年 12 月第 1 版
印　　次　2020 年 12 月第 1 次印刷
开　　本　787×960　1/16
印　　张　15.25
字　　数　230 千字
定　　价　55.00 元

中国环境出版集团郑重承诺：
中国环境出版集团合作的印刷单位、材料单位均具有中国环境标志产品认证；
中国环境出版集团所有图书"禁塑"。

前　言

　　第二次全国污染源普查是我国在新时代开展的最大规模的生态环境领域国情调查。数据质量是决定普查工作成败的关键，为了保证普查对象覆盖全面、不重不漏，普查数据完整、规范、真实、准确，数据审核工作至关重要。中国环境科学研究院全程参与了第二次全国污染源普查数据审核工作，其在清查数据审核、基本单位名录库审核、宏观经济比对审核等方面具有一定的经验，本书是在经验的基础上总结而成，以期为未来开展相关工作提供技术、方法、案例参考。

　　全书介绍了污染源普查数据审核的背景、思路及定义等，主要从清查数据审核与评估、普查数据审核与评估、综合评估等方面介绍了审核评估内容、技术方法以及案例分析。相关数据均进行了脱敏处理。

　　全书共四篇 15 章。第一篇总论包括 4 章，第一章介绍数据审核的必要性、术语与定义、数据审核整体说明，由刘孝富编写；第二章介绍清查数据审核与评估的内容、方法，由刘孝富编写；第三章为普查数据审核与评估的内容、方法，由刘孝富编写；第四章为综合评估内容与方法，由王莹编写。第二篇清查数据审核案例包括 5 章，第五章介绍工业源清查数据审核，由张志苗编写；第六章介绍农业源清查数据审核，由刘柏音编写；第七章介绍集中式污染治理设施清查数据审核，由邱文婷编写；第八章介绍生活源锅炉清查数据审核，由张志苗编写；第九章介绍入河（海）排污口清查数据审核，由罗镭编写。第三篇普查数据审核案例包括3章，第十章介绍工业源普查数据审核，由张志苗编写；第十一章介绍农业源普查数据审核，由王莹编写；第十二章为其他源普查数据审核，由邱文婷编写。第四篇普查数据综合评估案例包括3章，第十三章为清查数据评估案例，由刘孝富编写；第十四章为普查数据评估案例，由张志苗编写；第十五章为综合评估案例，由王莹编写。全书由刘孝富负责总体设计，张志苗、王莹统稿和校订。

本书是作者第一次对污染源普查数据审核与评估内容、方法进行系统总结，着重对基本信息及产业活动水平的数据审核进行了凝练说明，在内容、方法运用和案例数据方面难免有不当或疏漏之处，敬请谅解。由于作者学术水平有限，著写时间较短，书中可能存在诸多不足或错误，敬请广大读者批评指正。

目　录

第一篇

总 论

第一章 绪 论

一、数据审核的必要性

质量就是生命，数据审核是第二次全国污染源普查数据质量的重要保障，是决定普查工作成败的关键。

第一，数据审核是污染源普查质量控制的必要环节。数据审核可以核实普查对象是否做到不重不漏；核实普查报表是否填写完整、真实、有效，是否有利于产排污量的核算；核实普查数据与社会经济发展水平是否协调一致；核实普查填报的区域差异性，为现场抽查和质量核查提供支撑。一方面针对审核发现的问题，可以进一步完善普查数据，减少公众对数据和普查工作的质疑；另一方面可以针对审核发现的数据疑惑，制定数据解释预案，当公众对数据产生质疑时，便于及时说明。

第二，数据审核是决定普查工作成效的关键。坚持目标导向，聚焦数据质量，做好全过程控制，是保证普查任务圆满完成的关键。开展数据审核，确保普查数据的全面、准确、真实，才能充分发挥污染源普查工作在准确判断我国当前环境形势、制定并实施有针对性的环境保护政策规划等方面的重要作用。

第三，数据审核工作是相关文件要求的具体细化。第二次全国污染源普查相继发布了一系列的文件，强化数据质量和数据审核，要求"各级普查机构应通过检查、抽查、核查等多种方式，及时发现普查各阶段工作存在的问题并提出改进措施，防止出现大范围的系统性误差"。要求"入户调查与数据采集阶段重点核查入户调查记录，普查表填报的完整性、真实性、合理性及相关指标间的逻辑性"。要求"数据采集任务完成后，对入户调查数据开展逐级审核。审核中发现的问题，应逐级反馈给普查对象。必要时请普查员或普查指导员协助普查对象核实、纠正错误"。要求"强化普查数据汇总审核与抽样核查，做好普查数据联合会审，分行业、分区域数据审核工作，编制数据审核报告"。制定数据审核实施办法，部署开展数据审核工作，是落实相关文件的具体措施。

二、术语与定义

（一）污染源普查

摸清各类污染源的基本情况，了解污染源数量、结构和分布状况，掌握国家、区域、流域、行业污染物的产生、排放和处理情况，建立健全重点污染源档案、污染源信息数据库和环境统计平台，为加强污染源监管、改善环境质量、防控环境风险、服务环境与发展综合决策提供依据。

（二）清查

摸清工业企业和产业活动单位、规模化畜禽养殖场、集中式污染治理设施、生活源锅炉和入河（海）排污口等调查对象的基本信息，建立全国污染源普查基本单位名录，为全面实施普查做好准备。

（三）入户调查

通过入户登记调查普查对象基本信息、活动水平信息、污染治理设施和排放口信息等。

（四）质量控制

对各级普查机构、普查员和普查指导员，以及机构实施开展的数据采集、汇总审核、质量评估等工作质量采取的把控措施，保证污染源普查数据质量，确保普查数据完整规范、真实可靠。

（五）质量核查

各级普查机构采取随机抽样的方法选取一定数量的区域和普查对象开展数据现场复核或报表审核。清查阶段重点核查各类污染源普查调查单位名录是否全面、准确。入户调查与数据采集阶段重点核查入户调查记录和普查表填报的完整性、真实性、合理性及相关指标间的逻辑性。数据汇总阶段重点核查区域普查数据汇总过程中普查对象是否存在遗漏，普查汇总数据是否与社会经济发展协调一致。

（六）数据审核

各级普查机构对普查数据进行审核，包括数量审核、基表审核、汇总数据审核三个方面，通过软件审核和人工审核相结合的方式，对普查数据的完整性、逻辑性和合理性进行全面审核，确保做到普查对象应查尽查，不重不漏，确保普查报表完整、真实、有效，提高普查数据质量。

数据审核主要分为三个阶段：

第一阶段为清查阶段，主要审核清查数据库，重点审核清查是否存在漏查，确保普查对象"应查尽查、不重不漏"，发现清查工作中可能存在的问题，指导下一步工作。

第二阶段为入户调查阶段，主要审核基本信息与产业活动水平数据，重点审核产业活动水平与社会经济发展水平的协调性，重点关注与污染物产排污核算直接相关的指标，如产品产量、原辅材料使用量、能源消耗、废水排放量、畜禽存

（出）栏数量等指标，不应出现数量级差异。数据审核的结果具体到行业或普查对象，便于整改和完善普查数据。

第三阶段为产排污核算阶段，进行产排污量数据审核，重点审核产排污量与环境质量的协调性。

（七）数量审核

对行政区域普查对象数量进行审核，主要审核普查对象是否做到应查尽查，不重不漏；审核普查对象与清查对象是否匹配，是否所有的乡镇、街道都填报了污染源；普查对象是否囊括了应包含的行业类别等。

（八）基表数据审核

对普查报表数据进行审核，包括完整性审核、规范性审核、一致性审核、合理性审核、准确性审核。审核单个普查对象的各项指标格式、数值是否正确，是否符合逻辑。核实普查对象的单张表格或指标是否填写完整，数据格式是否规范，数值是否在合理的区间范围内，产品、原料等代码、名称、单位是否符合填报要求。

（九）汇总数据审核

各级普查机构按照管辖权限对辖区数据进行审核，采取集中审核、多部门联合会审和专家审核等方式审核汇总数据，包括完整性审核、逻辑性审核、一致性审核、合理性审核。主要审核汇总数据与统计数据相符性，以及产业活动水平及污染物排放量与社会经济发展的协调性。

（十）普查对象自审

普查对象法人代表或负责人对所提供的企业基本情况信息、有关资料文件以及填报的普查报表的完整性、真实性、准确性、规范性、逻辑性负主体责任，填报后签字确认。

（十一）普查员数据审核

普查员对普查对象基本信息、有关数据来源以及普查报表信息的合理性和完整性进行现场审核，指导普查对象填写普查表，如发现错误，要求普查对象据实更正或备注说明，按规定录入数据。

（十二）普查指导员数据审核

普查指导员对普查员提交的普查表及入户调查信息等数据进行审核。要求普查员对存在问题的报表进行现场核实，指导普查对象进行整改。普查指导员对普查员提交的普查表审核通过后确认签字。

（十三）行业专家审核

各级普查机构可邀请行政区域内工业、畜禽等相关行业专家分别对工业源、农业源、集中式污染治理设施、生活源锅炉、入河（海）排污口等普查数据的准确性、合理性、逻辑性进行审核，防止出现与实际情况不符、引起公众疑虑的情况。

（十四）部门会审

各级普查机构可邀请发改、住建、农业农村、统计等污染源普查工作参与部门人员对普查数据进行会同审核，审核普查数据的完整性、准确性和一致性，对比污染源普查数据与各部门相关数据以及统计口径间的差异，及时发现问题并核实更正，查漏补缺，避免出现矛盾。

（十五）逐级审核

各级普查机构对入户调查、抽样调查采集的数据，以及通过核算方法获得的污染物产生量、排放量等数据进行审核、汇总与上报。各级普查机构通过检查、抽查、核查等多种方式，及时发现普查各阶段工作存在的问题并提出改进措施，防止出现大范围的系统性误差。国务院第二次全国污染源普查领导小组办公室统一组织对各省级行政区普查数据进行审核，各省级、地市级普查机构按照管辖权限分别对行政区域内普查数据进行审核，审核通过后逐级上报。

（十六）数据评估

在数据审核的基础上，对数据的规范性和准确性进行综合打分或扣分。在清查阶段，评分越高或扣分越少，表示被评价区域漏查嫌疑越低，清查工作越扎实。在普查阶段，评分越高或扣分越少，表示数据填报的错误率越低或汇总数据与社会经济的匹配性越高。在评估阶段，评分越高或扣分越少，表示普查准备越充分、经费越充足、组织越有序、数据质量越可靠，整体普查工作越优秀。

三、数据审核整体说明

（一）数据审核与质量核查的关系与区别

数据审核与质量核查都是污染源普查质量控制不可或缺的一部分，两者是相辅相成的，但两者之间存在区别，主要体现在以下三方面。

1. 方式方面

数据审核以案头工作为主，主要通过办公软件对普查数据的合理性、逻辑性等进行审核分析。质量核查工作以现场核查为主，主要是去现场进行调查核实，保证数据的真实性、准确性。

2. 方法方面

数据审核主要有直接排序、占比对比、匹配分析、距离偏差等方法。质量核查多采用现场调查、对比佐证材料等方法。

3. 覆盖度方面

数据审核是全覆盖，对所有普查数据进行审核。而质量核查是抽查有限数量数据，进行现场核查。

　　原则上，首先开展数据审核，然后根据发现的问题进行质量核查。数据审核可为质量核查提供思路和方向，也可为抽取典型地区进行筛查提供支持。质量核查可验证数据审核结果，现场核实审核结果的准确性。数据审核是工具，而质量核查是行动，不能只开展数据审核或质量核查，两者缺一不可。时间紧迫时，数据审核和质量核查可同时开展。

（二）数据审核的总体原则

1. 软件和人工相结合

　　优先采用软件进行审核，当软件功能无法实现或者软件未开发完成时，采用人工审核。

2. 以产排污核算为核心

　　以计算产排污量的关键指标为审核的主要对象，重点审核产品产量、原辅材料使用量、能源消耗、废水排放量、畜禽存（出）栏数量等指标。

3. 简单易行可操作

　　审核指标和参照指标以容易获取和对比为原则进行筛选。审核方法可采用排序、匹配、统计、偏差等一种或多种方法，以达到审核目标为主。

4. 追踪溯源便于整改

　　数据审核的结果要具体到行业或普查对象，便于各级普查机构核实、整改和完善普查数据。

5. 联合会审

　　联合地方、行业、部门专家共同审核普查数据，群策群力，统一思想，及时沟通解决问题，共同确保普查数据的质量。

（三）数据审核的整体思路和框架体系

　　数据审核的整体思路为微观细核、中观比较、宏观把握。微观细核指基表审核，确保单个普查对象普查数据完整、规范、真实、符合逻辑。中观比较是指汇总数据审核，分区域、分流域、分行业进行数据对比分析，审核汇总的普查对象数量是否做到全覆盖，汇总的行业产品产量、能耗、水耗与统计数据是否匹配，汇总的区域基表数据是否存在显著的异常值。宏观把握是指普查数据与经济发展水平、生态环境质量等要相匹配、可解释，确保汇总的区域排污量与环境质量监测数据不出现数量级差异，减少公众对数据和普查工作的质疑。

数据审核的框架体系如图 1-1 所示。

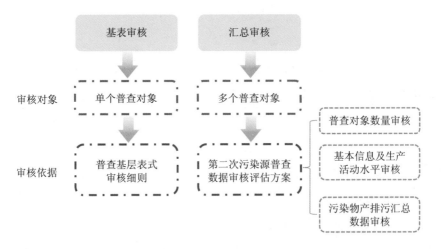

图 1-1　数据审核的框架体系

第二章　清查数据审核与评估的内容、方法

一、清查数据审核总论

（一）审核单元

国家以省级行政区为审核单元。各省级行政区以地级行政区为审核单元。直辖市以区县为审核单元。有条件的省级行政区可以县级行政区为审核单元。

（二）审核流程

审核的流程包括数据准备、清查数据库排查、清查数据比对分析、报告编制4个过程。

（三）数据准备

1. 清查数据库。

2. 清查底册。

3. 第一次全国污染源普查（以下简称"一污普"）数据库，来源：国家、省级生态环境部门。

4. 伴生矿详查数据库，来源：省级核与辐射部门。

5．农业农村部直联直报数据库，来源：国家、省级农业或畜牧部门。

6．各省级行政区、地级行政区农村生活污水集中处理率、农村生活垃圾集中处理率，来源：国家、省级统计部门，第三次全国农业普查主要数据公报。

7．统计数据。

（1）各省级行政区、地级行政区 BCD 企业数量，来源：国家、省级统计部门。

（2）各省级行政区、地级行政区 BCD 企业工业增加值，来源：国家、省级统计部门。

（3）各省级行政区、地级行政区 BCD 行业固定资产投资（近 10 年），来源：国家、省级统计部门。

（4）各省级行政区、地级行政区 BCD 企业分行业工业销售产值，来源：国家、省级统计部门，中国工业统计年鉴、各省工业统计年鉴。

（5）各省级行政区、地级行政区生猪出栏量、猪肉产量、牛奶产量、肉牛出栏量、牛肉产量、禽蛋产量，来源：国家、省级统计部门。

（6）各省级行政区、地级行政区人口数量、学校数量、医院数量、住宿餐饮企业数量，来源：国家、省级统计部门。

（7）各省级行政区、地级行政区蒸汽供热能力和热水供热能力，来源：国家、省级统计部门。

（8）各省级行政区、地级行政区工业废水集中处理设施数量，来源：环境统计年鉴。

8．网上公开数据。

各省级行政区污水处理厂名录，来源：中国污水处理工程网。

（四）清查数据库排查

1．行业全覆盖排查

统计各省级行政区、地级行政区已上报的行业类别和数量。识别各省级行政区、地级行政区是否覆盖《国民经济行业分类》（GB/T 4754—2017）中 BCD 全部小类，标注未覆盖的省级行政区、地级行政区以及缺失的行业类别。核实每个县是否包括屠宰厂、印刷厂、冷饮厂、污水处理厂、垃圾填埋场等。

2. 乡镇、街道全覆盖排查

统计各省级行政区、地级行政区已上报的乡镇、街道数量。标注乡镇街道未全覆盖的省级行政区、地级行政区以及缺失的乡镇街道数量和名称。

（五）审核内容

1. 工业源

将各省级行政区、地级行政区工业源数量与"一污普"进行对比，标注较"一污普"减少的省级行政区和地级行政区。

将伴生矿详查中的企业名单与工业源名录库中的名单进行对比，识别未纳入普查范围的伴生矿企业名单。

将各省级行政区、地级行政区工业源清查数量与 BCD 企业总数、工业增加值、主要工业行业销售产值进行匹配。

2. 农业源

将农业源清查的名录库和农业农村部直联直报数据库进行逐一比对，筛选出存在于农业农村部直联直报系统而未纳入普查范围的规模化畜禽养殖场名录。

将生猪清查数量与生猪出栏量、猪肉产量进行匹配；奶牛清查数量与牛奶产量进行匹配；肉牛清查数量与肉牛出栏量、牛肉产量进行匹配；蛋鸡清查数量与禽蛋产量进行匹配。

3. 集中式污染治理设施

将各省级行政区、地级行政区污水处理厂、垃圾填埋场数量与"一污普"进行对比，标注较"一污普"减少的省级行政区和地级行政区。将污水处理厂的数量和名录与中国污水处理工程网公布的数量和名录进行对比，标注偏少的省级行政区和地级行政区，找出缺失的污水处理厂名单。

将农村生活污水处理厂数量与由村数量以及农村生活污水集中处理率推算出

的农村污水处理设施数量进行匹配；生活垃圾处理厂数量与由村数量以及农村生活垃圾集中处理率推算出的垃圾处理设施数量进行匹配。

4. 生活源锅炉

供暖区生活源锅炉与蒸汽供热能力和热水供热能力进行匹配；非供暖区生活源锅炉与人口进行匹配；学校、医院、酒店生活源锅炉数量分别与学校数量、医院数量和餐饮住宿企业数量进行匹配。

5. 入河（海）排污口

入河（海）排污口总数与集中式污染治理设施和工业废水处理设施总数进行匹配；工业排口与工业废水处理设施数进行匹配。

二、清查数据审核方法

清查数据审核方法有直接对比法和匹配分析法。直接对比法是指各类源第二次全国污染源普查（以下简称"二污普"）清查数量直接与"一污普"清查数量对比，较"一污普"少的存在异常。匹配分析方法包括排序对比法、占比对比法、偏差法、象限分析法。

（一）排序对比法

计算参考指标（如工业增加值）在全国或全省排名与清查数量在全国或全省排序的差值。差值为负值表示存在漏查嫌疑，值越小表示漏查可能性越大。如表 2-1 所示，市$_H$的工业增加值排名第 5，而清查数量排名第 12，漏查嫌疑较大。

表 2-1　排序对比法示例

城市代码	清查数量/家	全国或全省排序	工业增加值/亿元	全国或全省排序	排序差
市$_A$	345	19	1 154	17	−2
市$_B$	785	17	1 565	14	−3

城市代码	清查数量/家	全国或全省排序	工业增加值/亿元	全国或全省排序	排序差
市C	1 245	14	1 876	13	−1
市D	6 894	7	5 643	8	1
市E	4 466	11	3 345	11	0
市F	7 634	6	8 795	3	−3
市G	987	16	456	19	3
市H	3 568	12	7 894	5	−7
市I	14 532	1	8 589	4	3
市J	10 243	2	7 654	7	5
市K	5 683	8	4 356	10	2
市L	5 678	9	7 682	6	−3
市M	9 925	3	10 677	1	−2
市N	8 765	5	8 997	2	−3
市O	8 834	4	5 433	9	5
市P	5 635	10	2 765	12	2
市Q	3 321	13	1 256	16	3
市R	1 022	15	851	18	3
市S	768	18	1 345	15	−3

（二）占比对比法

计算参考指标（如工业增加值）在全国或全省占比与清查数量在全国或全省占比的差值。差值为正表示存在漏查嫌疑，值越大漏查可能性越大。如表 2-2 所示，市H 的工业增加值占比为 8.74%，而清查数量占比为 3.56%，漏查嫌疑较大。

表 2-2　占比对比法示例

城市代码	清查数量/家	全国或全省占比	工业增加值/亿元	全国或全省占比	占比差
市A	345	0.34%	1 154	1.28%	0.93%
市B	785	0.78%	1 565	1.73%	0.95%
市C	1 245	1.24%	1 876	2.08%	0.84%

城市代码	清查数量/家	全国或全省占比	工业增加值/亿元	全国或全省占比	占比差
市$_D$	6 894	6.87%	5 643	6.25%	−0.62%
市$_E$	4 466	4.45%	3 345	3.70%	−0.75%
市$_F$	7 634	7.61%	8 795	9.74%	2.13%
市$_G$	987	0.98%	456	0.50%	−0.48%
市$_H$	3 568	3.56%	7 894	8.74%	5.18%
市$_I$	14 532	14.48%	8 589	9.51%	−4.98%
市$_J$	10 243	10.21%	7 654	8.47%	−1.74%
市$_K$	5 683	5.66%	4 356	4.82%	−0.84%
市$_L$	5 678	5.66%	7 682	8.50%	2.84%
市$_M$	9 925	9.89%	10 677	11.82%	1.93%
市$_N$	8 765	8.74%	8 997	9.96%	1.22%
市$_O$	8 834	8.80%	5 433	6.01%	−2.79%
市$_P$	5 635	5.62%	2 765	3.06%	−2.56%
市$_Q$	3 321	3.31%	1 256	1.39%	−1.92%
市$_R$	1 022	1.02%	851	0.94%	−0.08%
市$_S$	768	0.77%	1 345	1.49%	0.72%

（三）偏差法

以线性偏差法说明分析过程。以参考指标为横坐标，清查数量为纵坐标绘制散点图，用线性拟合的方式取得线性方程。图 2-1 中的直线 $y=0.9775x+633.28$，计算每个散点到直线的距离。坐标（x_0，y_0）到直线 $Ax+By+C=0$ 距离公式：

$$d = \left| \frac{Ax_0 + By_0 + C}{\sqrt{A^2 + B^2}} \right|$$

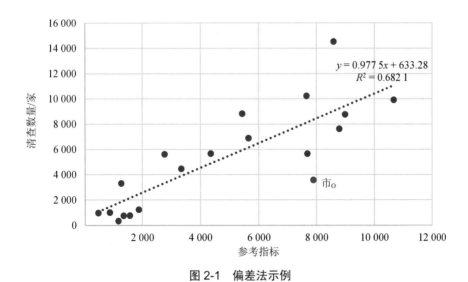

图 2-1　偏差法示例

如图 2-1 所示，市$_O$ 点的距离值最大，存在漏查嫌疑最大；相应地，由表 2-3 可知，市$_O$ 距离值最大，存在漏查嫌疑最大。

表 2-3　偏差法示例

地区代码	清查数量/家	参考指标	距离/量纲一
市$_A$	345	1 154	1 012.8
市$_B$	785	1 565	985.5
市$_C$	1 245	1 876	873.9
市$_D$	6 894	5 643	532.5
市$_E$	4 466	3 345	402.6
市$_F$	7 634	8 795	1 141.6
市$_G$	987	456	65.8
市$_H$	3 568	7 894	3 419.4
市$_I$	14 532	8 589	3 935.2
市$_J$	10 243	7 654	1 521.7
市$_K$	5 683	4 356	566.2
市$_L$	5 678	7 682	1 762.3
市$_M$	9 925	10 677	818.8

地区代码	清查数量/家	参考指标	距离/量纲一
市N	8 765	8 997	474.0
市O	8 834	5 433	2 066.6
市P	5 635	2 765	1 644.0
市Q	3 321	1 256	1 044.0
市R	1 022	851	316.9
市S	768	1 345	843.8

（四）象限分析法

以参考指标（产值、产量或占全国比例等）为横坐标，以清查数量或占全国比例为纵坐标绘制散点图，将散点划分为 n 个象限，根据每个象限的特征识别出有异常的点位。通常，将散点划分为 9 个象限（如图 2-2 所示，九宫格），重点关注其中的 α、β、γ 3 个象限，其中 α 象限表示产值、产量或占比高，而清查的数量或占比低，产值、产量、占比与清查数量、占比严重不匹配，漏查嫌疑最大；β 象限表示产值、产量或占比高，而清查的数量或占比居中，稍有不匹配，漏查嫌疑轻微；γ 象限表示产值、产量或占比居中，而清查数量或占比偏少，稍有不匹配，漏查嫌疑轻微。

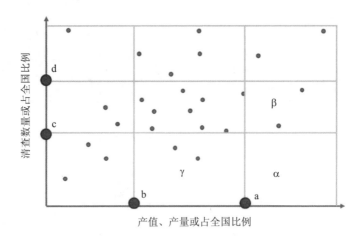

图 2-2　九宫格象限分析法示意

　　九宫格划分的关键是找到横、纵坐标的分割点（如图 2-2 中横坐标的 a、b 两点和纵坐标的 c、d 两点），分割点为产值、产量、数量或占比的聚类界限点。采用 K-means 算法进行聚类。

　　K-means 算法过程如下：

　　（1）将聚类的样本从高到低或从低到高进行排序；

　　（2）从 n 个样本中初步选取 k 个样本作为质心（九宫格选择 3 个样本），一般选择初步分段的中心点作为质心；

　　（3）对剩余的每个样本测量其到每个质心的距离，并把它归到最近的质心的类；

　　（4）重新计算已经得到的各个类的质心；

　　（5）迭代 2～3 步直至新的质心与上一迭代的质心相等或小于指定阈值，算法结束。

　　当样本数量较少时（对于一个省级行政区来说，下辖十几个地级市，样本相对较少），也可以划分为 4 个象限，如图 2-3 所示，重点关注处于右下角 α 象限的点位。

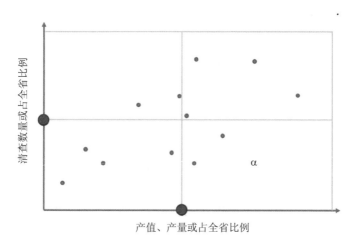

图 2-3　四宫格象限分析法示意

按照象限分析法，示意数据所显示的九宫格如图2-4所示，O、L处于β象限，漏查的嫌疑较大。

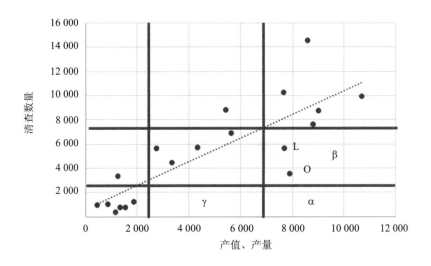

图2-4 象限分析法示例

三、清查数据评估方法

清查数据评估采取综合扣分法，具体如下。

（一）指标筛选

清查数据审核可参考选择38项指标（根据实际情况增加或删除指标），其中工业源13项（含伴生放射性矿企业1项）、农业源12项、集中式污染治理设施6项、生活源锅炉5项、入河（海）排污口2项，具体见表2-4。

表 2-4 五类源清查数据库审核参照指标一览

源类型	参照指标	指标解释	数据来源
工业源	"一污普"工业源数量	第一次全国污染源普查工业企业数量	第一次全国污染源普查数据库
	国家普查办①下发底册企业数量	—	国家普查办
	BCD类行业企业数量（国家统计局）	采矿业，制造业，电力，燃气及水的生产和供应业三大行业的执行企业会计制度的法人单位数	国家统计局
	近十年 BCD 类行业固定资产投资	2007—2016年采矿业，制造业，电力、燃气及水的生产和供应业三大行业的全社会固定资产投资。全社会固定资产投资是以货币形式表现的在一定时期内全社会建设和购置固定资产的工作量以及与此有关的费用的总称	国家统计局
	工业增加值	工业增加值是指工业企业在报告期内以货币形式表现的从事工业生产活动的最终成果。工业增加值有两种计算方法：一是生产法，即工业总产出减去工业中间投入加上应缴增值税；二是收入法，即从收入的角度出发，根据生产要素在生产过程中应得到的收入份额计算，具体构成项目有固定资产折旧、劳动者报酬、生产税净额、营业盈余	国家统计局
	农副食品加工业销售产值	农副食品加工业工业销售产值（当年价格）指以货币形式表现的，工业企业在报告期内销售的本企业生产的工业产品或提供工业性劳务价值的总价值量	《中国工业统计年鉴2017》
	印刷和记录媒介复制业销售产值	印刷和记录媒介复制业工业销售产值（当年价格）指以货币形式表现的，工业企业在报告期内销售的本企业生产的工业产品或提供工业性劳务价值的总价值量	《中国工业统计年鉴2017》
	黑色金属冶炼及压延加工业销售产值	黑色金属冶炼及压延加工业工业销售产值（当年价格）指以货币形式表现的，工业企业在报告期内销售的本企业生产的工业产品或提供工业性劳务价值的总价值量	《中国工业统计年鉴2017》

---

① 国家普查办：全称为生态环境部第二次全国污染源普查工作办公室。

源类型	参照指标	指标解释	数据来源
工业源	非金属矿物制品业销售产值	非金属矿物制品业工业销售产值（当年价格）指以货币形式表现的，工业企业在报告期内销售的本企业生产的工业产品或提供工业性劳务价值的总价值量	《中国工业统计年鉴2017》
	化学原料与化学品制造业销售产值	化学原料与化学品制造业工业销售产值（当年价格）指以货币形式表现的，工业企业在报告期内销售的本企业生产的工业产品或提供工业性劳务价值的总价值量	《中国工业统计年鉴2017》
	造纸和纸制品业销售产值	造纸和纸制品业工业销售产值（当年价格）指以货币形式表现的，工业企业在报告期内销售的本企业生产的工业产品或提供工业性劳务价值的总价值量	《中国工业统计年鉴2017》
	各省级行政区城市间比较	各省级行政区地级市的工业源清查数量与"一污普"工业源数量以及第二产业生产总值进行对比。第二产业生产总值是指按市场价格计算的一个国家（或地区）所有常驻单位在一定时期内从事第二产业生产活动的最终成果。第二产业是指采矿业（不含开采辅助活动），制造业（不含金属制品、机械和设备修理业），电力、热力、燃气及水生产和供应业，建筑业	第一次全国污染源普查数据库、《中国工业统计年鉴2017》
	伴生放射性矿企业	详查中的伴生放射性矿企业是否全部纳入普查范围	伴生放射性矿企业详查数据库
农业源	生猪-农业农村部直联直报数量	农业农村部规模养殖场直联直报信息系统中生猪养殖场数量	农业农村部
	生猪出栏量	猪出栏数量	国家统计局
	猪肉产量	猪肉产量指本调查期内出栏肥猪产出的猪肉总量，按胴体重计算。猪肉产量＝出栏肥猪头数×平均每头肥猪出售重量×肥猪产肉率	国家统计局
	奶牛-农业农村部直联直报	农业农村部规模养殖场直联直报信息系统中奶牛养殖场数量	农业农村部
	牛奶产量	牛奶产量指本调查期内奶牛所生产的牛奶总产量	国家统计局
	肉牛-农业农村部直联直报	农业农村部规模养殖场直联直报信息系统中肉牛养殖场数量	农业农村部

源类型	参照指标	指标解释	数据来源
农业源	牛出栏量	牛出栏数量	国家统计局
	牛肉产量	牛肉产量指本调查期内出栏肉牛产出的牛肉总量，按胴体重计算。牛肉产量＝出栏肉牛头数×平均每头肉牛出售重量×肉牛产肉率	国家统计局
	蛋鸡-农业农村部直联直报	农业农村部规模养殖场直联直报信息系统中蛋鸡养殖场数量	农业农村部
	禽蛋产量	—	国家统计局
	肉鸡-农业农村部直联直报	农业农村部规模养殖场直联直报信息系统中肉鸡养殖场数量	农业农村部
集中式污染治理设施	"一污普"污水处理厂数量	第一次全国污染源普查污水处理设施数量	第一次全国污染源普查数据库
	中国污水处理工程网数量	中国污水处理工程网公布的乡镇及以上污水处理厂数量	中国污水处理工程网
	村数量及农村生活污水集中处理率（"三农普"）	2014年村级行政区数量。第三次全国农业普查公报农村生活污水集中处理率	第三次全国农业普查
	"一污普"垃圾处理厂数量	第一次全国污染源普查垃圾处理厂数量	第一次全国污染源普查数据库
	村数量及农村生活垃圾集中处理率（"三农普"）	生活垃圾集中处理或部分集中处理的村：指本村地域内有垃圾处理设施进行垃圾集中处理，或者虽然没有垃圾处理设施，但是对垃圾实行统一集中清运处理	第三次全国农业普查
	"一污普"危废处置厂数量	第一次全国污染源普查危废处理设施数量	第一次全国污染源普查数据库
生活源锅炉	供暖区：蒸汽供热能力和热水供热能力	供热能力是指供热企业（单位）向城市热用户输送热能的设计能力	国家统计局
	供暖与非供暖区：人口	年末常住人口数指每年12月31日24时的人口数。年度统计的全国人口总数内未包括香港、澳门特别行政区和台湾地区以及海外华侨人数	国家统计局
	供暖与非供暖区：医院数量	医院包括综合医院、中医医院、中西医结合医院、民族医院、各类专科医院和护理院，不包括专科疾病防治院、妇幼保健院和疗养院	国家统计局

源类型	参照指标	指标解释	数据来源
生活源锅炉	供暖与非供暖区：学校数量	学校数量为小学、初中、高中、普通高等学校、特殊学校 5 项之和	国家统计局
	供暖与非供暖区：住宿餐饮企业数量	住宿餐饮法人单位数。法人单位数指执行企业会计制度的法人单位数	国家统计局
入河（海）排污口	排污口总数：清查集中式污水处理厂与工业废水治理设施之和	第二次全国污染源普查集中式污水处理厂与工业废水治理设施数量之和	国家普查办、《环境统计年鉴》
	工业排污口：工业废水治理设施数量	《环境统计年鉴 2016》中工业废水治理设施数量	《环境统计年鉴2016》

（二）扣分分类分级

38 项指标的问题等级划分标准如表 2-5 所示。

表 2-5　各类源对照指标与漏查分类

源类型	评估单元	参照指标	对照描述	问题等级
工业源	省级行政区、地市级行政区	"一污普"数量	较"一污普"数量增加	无
			较"一污普"数量减少，减少数量占清查数量占比小于等于 10%	轻
			较"一污普"数量减少，减少数量占清查数量占比大于 10%	重
	省级行政区	BCD 类行业企业数量（国家统计局）	较 BCD 类增加	无
			BCD 类行业企业数量占全国比例大，清查数量占全国比例居中	轻
			BCD 类行业企业数量占全国比例居中，清查数量占全国比例偏小	轻
			BCD 类行业企业数量占全国比例大，清查数量占全国比例偏小	重
			其余	无

源类型	评估单元	参照指标	对照描述	问题等级
工业源	省级行政区	近十年 BCD 类行业固定资产投资	固定资产投资大，清查数量居中	轻
			固定资产投资居中，清查数量偏少	轻
			固定资产投资大，清查数量偏少	重
			固定资产投资占全国（全省）比例大，清查数量占全国（全省）比例居中	轻
			固定资产投资占全国（全省）比例居中，清查数量占全国（全省）比例偏小	轻
			固定资产投资占全国（全省）比例大，清查数量占全国（全省）比例偏小	重
	省级行政区、地市级行政区	工业增加值	工业增加值大，清查数量居中	轻
			工业增加值居中，清查数量偏少	轻
			工业增加值大，清查数量偏少	重
			工业增加值占全国（全省）比例大，清查数量占全国（全省）比例居中	轻
			工业增加值占全国（全省）比例居中，清查数量占全国（全省）比例偏小	轻
			工业增加值占全国（全省）比例大，清查数量占全国（全省）比例偏小	重
	省级行政区	农副食品加工业销售产值	行业工业销售产值大，清查数量居中	轻
			行业工业销售产值居中，清查数量偏少	轻
			行业工业销售产值大，清查数量偏少	重
			行业工业销售产值占全国比例大，清查数量占全国比例居中	轻
			行业工业销售产值占全国比例居中，清查数量占全国比例偏小	轻
			行业工业销售产值占全国比例大，清查数量占全国比例偏小	重
		印刷和记录媒介复制业销售产值	行业工业销售产值大，清查数量居中	轻
			行业工业销售产值居中，清查数量偏少	轻
			行业工业销售产值大，清查数量偏少	重
			行业工业销售产值占全国比例大，清查数量占全国比例居中	轻
			行业工业销售产值占全国比例居中，清查数量占全国比例偏小	轻
			行业工业销售产值占全国比例大，清查数量占全国比例偏小	重

源类型	评估单元	参照指标	对照描述	问题等级
工业源	省级行政区	黑色金属冶炼及压延加工业销售产值	行业工业销售产值大，清查数量居中	轻
			行业工业销售产值居中，清查数量偏少	轻
			行业工业销售产值大，清查数量偏少	重
			行业工业销售产值占全国比例大，清查数量占全国比例居中	轻
			行业工业销售产值占全国比例居中，清查数量占全国比例偏小	轻
			行业工业销售产值占全国比例大，清查数量占全国比例偏小	重
		非金属矿物制品业销售产值	行业工业销售产值大，清查数量居中	轻
			行业工业销售产值居中，清查数量偏少	轻
			行业工业销售产值大，清查数量偏少	重
			行业工业销售产值占全国比例大，清查数量占全国比例居中	轻
			行业工业销售产值占全国比例居中，清查数量占全国比例偏小	轻
			行业工业销售产值占全国比例大，清查数量占全国比例偏小	重
		化学原料与化学品制造业销售产值	行业工业销售产值大，清查数量居中	轻
			行业工业销售产值居中，清查数量偏少	轻
			行业工业销售产值大，清查数量偏少	重
			行业工业销售产值占全国比例大，清查数量占全国比例居中	轻
			行业工业销售产值占全国比例居中，清查数量占全国比例偏小	轻
			行业工业销售产值占全国比例大，清查数量占全国比例偏小	重
		造纸和纸制品业销售产值	行业工业销售产值大，清查数量居中	轻
			行业工业销售产值居中，清查数量偏少	轻
			行业工业销售产值大，清查数量偏少	重
			行业工业销售产值占全国比例大，清查数量占全国比例居中	轻
			行业工业销售产值占全国比例居中，清查数量占全国比例偏小	轻
			行业工业销售产值占全国比例大，清查数量占全国比例偏小	重
		城市	较"一污普"减少，且与产值不匹配	重
			较"一污普"减少或与产值不匹配	轻

源类型	评估单元	参照指标	对照描述	问题等级
伴生放射性矿企业	省级行政区	伴生放射性矿企业	不在工业源普查名录中的伴生矿企业数量小于10家	轻
			不在工业源普查名录中的伴生矿企业数量大于等于10家	重
农业源		农业农村部直联直报数量	清查数量大于等于农业农村部直联直报数或小于农业农村部直联直报数10%	无
			清查数量小于农业农村部直联直报数10%～20%	轻
			清查数量小于农业农村部直联直报数20%以上	重
		生猪出栏量	生猪出栏量多，清查生猪企业数量居中	轻
			生猪出栏量居中，清查生猪企业数量偏少	轻
			生猪出栏量多，清查生猪企业数量偏少	重
		猪肉产量	猪肉产量多，清查生猪企业数量居中	轻
			猪肉产量居中，清查生猪企业数量偏少	轻
			猪肉产量多，清查生猪企业数量偏少	重
		牛奶产量	牛奶产量多，清查奶牛企业数量居中	轻
			牛奶产量居中，清查奶牛企业数量偏少	轻
			牛奶产量多，清查奶牛企业数量偏少	重
		肉牛出栏量	肉牛出栏量多，清查肉牛企业数量居中	轻
			肉牛出栏量居中，清查肉牛企业数量偏少	轻
			肉牛出栏量多，清查肉牛企业数量偏少	重
		牛肉产量	牛肉产量多，清查肉牛企业数量居中	轻
			牛肉产量居中，清查肉牛企业数量偏少	轻
			牛肉产量多，清查肉牛企业数量偏少	重
		禽蛋产量	禽蛋产量多，清查蛋鸡企业数量居中	轻
			禽蛋产量居中，清查蛋鸡企业数量偏少	轻
			禽蛋产量多，清查蛋鸡企业数量偏少	重
集中式污染治理设施（污水处理厂）		"一污普"污水处理厂数量	较"一污普"增加	无
			较"一污普"减少	重
		中国污水处理工程网数量	较网上数据增加	无
			较网上数据偏少	重
		农村生活污水集中处理率（"三农普"）	污水集中处理的村（行政村数量×处理率）多，清查污水处理厂数量居中	轻
			污水集中处理的村（行政村数量×处理率）居中，清查污水处理厂数量偏少	轻
			污水集中处理的村（行政村数量×处理率）多，清查污水处理厂数量偏少	重

源类型	评估单元	参照指标	对照描述	问题等级
集中式污染治理设施（生活垃圾处理厂）		"一污普"生活垃圾处理厂数量	较"一污普"增加	无
			较"一污普"减少	重
		农村生活垃圾集中处理率（"三农普"）	垃圾集中处理的村（行政村数量×处理率）多，清查垃圾处理厂数量居中	轻
			垃圾集中处理的村（行政村数量×处理率）居中，清查垃圾处理厂数量偏少	轻
			垃圾集中处理的村（行政村数量×处理率）多，清查垃圾处理厂数量偏少	重
集中式污染治理设施（危险废物处置厂）		"一污普"危险废物处置厂数量	较"一污普"增加	无
			较"一污普"减少	重
			"一污普"占全国比重偏高，"二污普"占全国比重偏低	轻
生活源锅炉	省级行政区	蒸汽供热能力和热水供热能力（供暖区）	单台锅炉平均额定出力与统计年鉴统计数据单台锅炉平均额定出力差值＜10蒸吨	无
			单台锅炉平均额定出力与统计年鉴统计数据单台锅炉平均额定出力差值介于10～15蒸吨	轻
			单台锅炉平均额定出力与统计年鉴统计数据单台锅炉平均额定出力差值≥15蒸吨	重
		人口（医院、学校）	人口（医院、学校）多，清查生活源锅炉数量居中	轻
			人口（医院、学校）居中，清查生活源锅炉数量偏少	轻
			人口（医院、学校）多，清查生活源锅炉数量偏少	重
		住宿餐饮企业数量	住宿餐饮企业数量多，清查生活源锅炉数量居中	轻
			住宿餐饮企业数量居中，清查生活源锅炉数量偏少	轻
			住宿餐饮企业数量多，清查生活源锅炉数量偏少	重

源类型	评估单元	参照指标	对照描述	问题等级
入河（海）排污口	省级行政区	清查集中式污水处理厂与工业废水治理设施之和	设施之和数量多，清查排污口数量居中	轻
			设施之和居中，清查排污口数量偏少	轻
			设施之和数量多，清查排污口数量偏少	重
		工业废水治理设施数量	工业废水治理设施数量多，清查工业废水排污口数量居中	轻
			工业废水治理设施数量居中，清查工业废水排污口数量偏少	轻
			工业废水治理设施数量多，清查工业废水排污口数量偏少	重

按照问题的轻重程度进行扣分，单个指标总分 10 分，出现严重问题或重度不匹配的扣 10 分，单个指标出现问题或轻度不匹配的扣 5 分，没有问题的不扣分。

（三）综合评分

单个指标评分为 10 分，38 项指标总分为 380 分，减掉各个指标的扣分总和，得到该区域分数。

按照百分制打分换算：

$$百分制得分 = \frac{380 - 总扣分}{380} \times 100$$

第三章 普查数据审核与评估的内容、方法

一、普查数据审核内容

（一）数量审核

审核普查对象是否做到应查尽查，不重不漏。审核普查对象与清查对象是否匹配，是否所有的乡镇、街道都填报了污染源，普查对象是否囊括了应该包含的行业类别。

（二）基表审核

审核单个普查对象的各项指标格式、数值是否正确，是否符合逻辑。核实普查对象的单张表格或指标是否填写完整，数据格式是否规范，数值是否在合理的区间范围内，产品、原料等代码、名称、单位是否符合填报要求。

（三）关键指标审核

多个普查对象相互比较或加和汇总，识别关键指标是否存在异常值。识别重点行业中的产品产量、原辅材料使用量、能源消耗等占区域总量比例是否明显偏大或偏小，是否与同行业水平持平。识别普查中的产品产量、能源消耗量等汇总

数据与统计数据是否有较大差异。

二、普查数据审核方法

（一）数量审核

1. 匹配分析法

对各类源普查数据库和普查单位基本名录库（清查定库名录库）进行匹配分析，统计普查单位基本名录库中各类源数量在入户调查阶段的增减情况。见表 3-1、表 3-2。

表 3-1　与清查数据库匹配分析规则

类别	匹配与统计规则	数量
完全匹配	清查与普查代码+名称均匹配	×××
基本匹配	清查与普查代码、名称有一个匹配	×××
新增	代码+名称清查有，普查没有	×××
删除	代码+名称清查没有，普查有	×××

表 3-2　与清查数据库比对情况汇总

省/市/县名称	污染源类型	清查定库数量	入户填报数量	未纳入清查而新增入户填报数量	纳入清查而未入户填报数量
×××	工业源				
	规模化畜禽养殖场				
	集中式污水处理厂				
	生活垃圾集中处置场（厂）				
	危险废物集中处置厂				

2. 统计分析法

（1）污染源行政区覆盖情况审查

统计各乡镇街道工业源、入河（海）排污口、规模化畜禽养殖场、加油站的普查数量，原则上每个乡镇街道应存在工业源、规模化畜禽养殖场、加油站和入河（海）排污口。每个行政村都应该填报 S102 表（行政村生活污染基本信息）。结合实际情况，判断是否存在漏填情况。见表 3-3。

表 3-3　行政区覆盖情况统计

区县名称	乡镇街道名称	污染源类型	填报数量	是否漏查
×××	×××	工业源		
		规模化畜禽养殖场		
		入河（海）排污口		
		加油站		
		行政村生活污染		
	×××	工业源		
		规模化畜禽养殖场		
		入河（海）排污口		
		加油站		
		行政村生活污染		

涉及农业源、生活源、移动源等地市/区县负责填报的普查综合表，核实是否存在漏填情况。

（2）工业行业覆盖度审查

统计各县级行政区 B 类行业企业，C13、C14、C15、C17、C18、C20、C21、C22、C23、C30、C33、C43、D44、D45 和 D46 行业企业数量，原则上各县级行政区每类行业都应存在。结合实际情况，判断是否存在漏填情况。见表 3-4。

表 3-4 工业行业覆盖度统计

县级行政区名称	污染源类型	填报数量	是否漏查
×××	B 类企业		
	C13		
	C14		
	C15		
	C17		
	C18		
	C20		
	C21		
	C22		
	C23		
	C30		
	C33		
	C43		
	D44		
	D45		
	D46		

（二）基表审核

基于国家普查办制定的《普查基层表式审核细则》，结合各地审核情况补充完善后确定的审核规则，进行基表审核与错误率统计，同时对有废水或废气产生但未填写 G106 表的企业进行统计。见表 3-5。

表 3-5 基表审核情况统计

表格代码	填报的源数量	出现错误源数量	源错误率	该表格的漏填数
G101-1				
G101-2				
G101-3				
G102				

表格代码	填报的源数量	出现错误源数量	源错误率	该表格的漏填数
G103-1				
G103-2				
……				
……				
……				
……				
Y101				
Y102				
Y103				

（三）关键指标审核

1. 工业源

关键指标：G101-1 表指标 15 "工业总产值"、G101-2 表指标 7 "实际产量"、G101-3 表指标 4 "使用量"（包括原辅材料使用量及能源使用量）、G102 表指标 01 "取水量"、G102 表指标 22 "废水排放量"、G106-1 表指标 09 "产品产量"、G106-1 表指标 11 "原料/燃料用量"。

审核方法主要有排序法、行业平均值对比法、匹配法和统计数据对比法，具体如下。

（1）排序法

分行业对关键指标值直接排序或计算区域占比后排序，筛选出明显偏大或偏小的填报数据，进一步核实该数据是否误报。

（2）行业平均值对比法

计算企业的单位产品产值、单位产品原材料使用量、单位产品能源消耗量，与行业平均水平进行对比分析，筛选出与行业平均水平差异较大的数据。

（3）匹配法

分行业将企业的关键指标数据（如产品产量与工业总产值、产品产量与原材料使用量、产品产量与能源消耗量、取水量与废水排放量等）进行两两匹配分析。

1）直接匹配分析

如对比企业的取水量与废水排放量，筛选出废水排放量大于取水量的企业，一般情况下，企业的废水排放量应小于取水量，根据企业的行业类型结合实际情况判断取水量或废水排放量是否填报错误。

2）距离分析法

分行业对区域内企业的关键指标数据产品产量与工业总产值、产品产量与原材料使用量、产品产量与能源消耗量两两做相关性分析，在 Excel 中绘制散点图及趋势线，远离趋势线的点可能存在数据异常，需进一步核实是否填报错误。

3）象限分析法

分行业对区域内企业的关键指标数据产品产量与工业总产值、产品产量与原材料使用量、产品产量与能源消耗量两两做相关性分析，在 Excel 中绘制散点图，将散点划分为 9 个象限，落在左上、右下两个象限中的点可能存在数据异常，需进一步核实是否填报错误。

如对区域内某行业的产品产量与能源消耗量进行匹配分析，采用 K-means 算法分别对产品产量与能源消耗量进行聚类计算，分别被划分为"1""2""3"三类，结果见表 3-6。

表 3-6　象限分析法示例

企业代码	产品产量	能源消耗量	产量分类结果	能源消耗量分类结果
企A	134	25	1	1
企B	234	456	1	1
企C	335	851	1	1
企D	345	987	1	1
企E	768	1 154	1	1
企F	785	1 235	1	1
企G	987	1 256	1	1
企H	1 022	1 345	1	1

企业代码	产品产量	能源消耗量	产量分类结果	能源消耗量分类结果
企$_I$	1 057	8 795	1	2
企$_J$	1 167	1 565	1	1
企$_K$	1 234	1 876	1	1
企$_L$	1 245	2 344	1	1
企$_M$	3 244	2 345	1	1
企$_N$	3 456	2 765	1	1
企$_O$	3 568	3 345	1	1
企$_P$	4 466	3 345	1	1
企$_Q$	5 635	4 356	1	1
企$_R$	5 678	5 433	1	2
企$_S$	5 683	5 643	1	2
企$_T$	6 789	6 589	2	2
企$_U$	6 894	7 654	2	2
企$_V$	7 634	7 682	2	2
企$_W$	8 765	7 894	2	2
企$_X$	8 834	8 589	2	2
企$_Y$	9 934	8 835	2	2
企$_Z$	10 243	8 997	2	2
企$_{AA}$	12 561	10 677	2	3
企$_{BB}$	14 532	12 368	2	3
企$_{CC}$	33 210	2 435	3	1

如图 3-1 所示，落在 α 象限的点为产量小、能源消耗量大（产量聚类结果为"1"，能源消耗量聚类结果为"3"），落在 β 象限的点为产量大、能源消耗量小（产量聚类结果为"3"，能源消耗量聚类结果为"1"）。如企$_{CC}$落在 β 象限，数据异常，疑似能源消耗量数据偏小，需进一步核实是否填报错误。

（4）统计数据对比法

统计区域内的产品产量、各行业能源消耗量、各行业的取水量等指标数据与统计部门 2017 年数据进行对比分析，省级统计数据差异超过 30% 的指标数据、市级统计数据差异超过 50% 的指标数据、县级统计数据差异超过 80% 的指标数据，需进一步核实指标数据是否填报有误，并分析原因。见表 3-7、表 3-8。

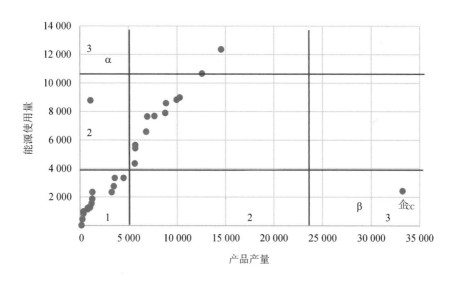

图 3-1　象限分析法示意

表 3-7　与部门统计数据产品产量对比指标

序号	产品产量对比指标	序号	产品产量对比指标	序号	产品产量对比指标
1	生铁产量	12	砖产量	23	硫酸（折 100%）产量
2	粗钢产量	13	平板玻璃产量	24	烧碱（折 100%）产量
3	钢材产量	14	卫生陶瓷制品产量	25	纯碱（碳酸钠）产量
4	精炼铜产量	15	原油产量	26	农用氮、磷、钾化肥产量
5	原铝（电解铝）产量	16	成品糖产量	27	化学农药原药产量
6	氧化铝产量	17	啤酒产量	28	塑料产量
7	镁产量	18	卷烟产量	29	化学纤维产量
8	海绵钛产量	19	布产量	30	发电量
9	硅酸盐水泥熟料产量	20	机械纸及纸板产量	31	天然气产量
10	水泥产量	21	纸制品产量	32	砂产量
11	瓦产量	22	焦炭产量	33	石灰石产量

表 3-8　能源消耗量和取水量指标适用行业

序号	分行业能源消耗量/吨标准煤	分行业取水量/万米³
1	煤炭开采和洗选业	煤炭开采和洗选业
2	石油和天然气开采业	石油和天然气开采业
3	黑色金属矿采选业	黑色金属矿采选业
4	有色金属矿采选业	有色金属矿采选业
5	非金属矿采选业	非金属矿采选业
6	开采专业及辅助性活动	开采专业及辅助性活动
7	其他采矿业	其他采矿业
8	农副食品加工业	农副食品加工业
9	食品制造业	食品制造业
10	酒、饮料和精制茶制造业	酒、饮料和精制茶制造业
11	烟草制品业	烟草制品业
12	纺织业	纺织业
13	纺织服装、服饰业	纺织服装、服饰业
14	皮革、毛皮、羽毛及其制品和制鞋业	皮革、毛皮、羽毛及其制品和制鞋业
15	木材加工和木、竹、藤、棕、草制品业	木材加工和木、竹、藤、棕、草制品业
16	家具制造业	家具制造业
17	造纸和纸制品业	造纸和纸制品业
18	印刷和记录媒介复制业	印刷和记录媒介复制业
19	文教、工美、体育和娱乐用品制造业	文教、工美、体育和娱乐用品制造业
20	石油、煤炭及其他燃料加工业	石油、煤炭及其他燃料加工业
21	化学原料和化学制品制造业	化学原料和化学制品制造业
22	医药制造业	医药制造业
23	化学纤维制造业	化学纤维制造业
24	橡胶和塑料制品业	橡胶和塑料制品业
25	非金属矿物制品业	非金属矿物制品业
26	黑色金属冶炼和压延加工业	黑色金属冶炼和压延加工业
27	有色金属冶炼和压延加工业	有色金属冶炼和压延加工业

序号	分行业能源消耗量/吨标准煤	分行业取水量/万米³
28	金属制品业	金属制品业
29	通用设备制造业	通用设备制造业
30	专用设备制造业	专用设备制造业
31	汽车制造业	汽车制造业
32	铁路、船舶、航空航天和其他运输设备制造业	铁路、船舶、航空航天和其他运输设备制造业
33	电气机械和器材制造业	电气机械和器材制造业
34	计算机、通信和其他电子设备制造业	计算机、通信和其他电子设备制造业
35	仪器仪表制造业	仪器仪表制造业
36	其他制造业	其他制造业
37	废弃资源综合利用业	废弃资源综合利用业
38	金属制品、机械和设备修理业	金属制品、机械和设备修理业
39	电力、热力生产和供应业	电力、热力生产和供应业
40	燃气生产和供应业	燃气生产和供应业
41	水的生产和供应业	水的生产和供应业

普查数据与部门统计数据的差异性计算公式如下：

$$与部门统计数据的差异 = \frac{普查数据 - 部门统计数据}{部门统计数据} \times 100\%$$

2．农业源

（1）畜禽养殖业

对比规模化养殖场清查数量和普查数量的差异性，筛选出代码或名称前后不匹配的养殖场，确定普查中需要进一步核实代码、企业的数量和清单。

筛选生猪出栏量小于 500 头，奶牛存栏量小于 100 头，肉牛出栏量小于 50 头，蛋鸡存栏量小于 2 000 羽，肉鸡出栏量小于 10 000 羽的养殖场清单。

将生猪养殖量与栏舍面积匹配，计算各养殖场的单位栏舍面积的存/出栏量，高于或低于区域平均10%的养殖场需要进一步核实。例如，某区域90%的生猪养殖场单位面积养殖量介于0.2～2头/米^2，低于0.2或高于2头/米^{2}的需要核实；90%的奶牛养殖场单位面积养殖量介于0.01～0.3头/米^2，低于0.01或高于0.3头/米^{2}的需要核实；90%的肉牛养殖场单位面积养殖量介于0.01～0.28头/米^2，低于0.01或高于0.28头/米^{2}的养殖场需进一步核实；90%的蛋鸡养殖场单位面积养殖量小于18羽/米^2，高于18羽/米^{2}的养殖场需进一步核实；90%的肉鸡养殖场单位面积养殖量小于80羽/米^2，高于80羽/米^{2}的养殖场需进一步核实。

将普查填报的总存栏量/出栏量与统计部门的存栏量/出栏量进行对比，相差超过30%的需要进一步核实总体养殖量。

（2）种植业

核实区域耕地面积、园地面积数据与统计数据差异，相差30%的需要核实。

根据农作物年总播种面积（不包括果园面积）与耕地面积的比值计算农作物复种指数。南方地区复种指数一般在150%～300%范围；北方地区一般在50%～200%范围，不在此范围内的需核实。

（3）秸秆

核实区域水稻、小麦、玉米、大豆、棉花、油菜、花生产量与统计数据差异，相差30%的需要核实。

（4）水产

核实区域水产产量与统计数据差异，相差30%的需要核实。

3. 生活源（非工业企业单位锅炉除外）

（1）填报对象

生活源填报表包括S101-S106及S201、S202共8张表，其中各表格填报对象的重点审核内容如表3-9所示。

表 3-9 生活源填报对象审核内容

表名	重点审核内容
S101 表	仅京津冀及周边地区等重点区域填写
S102 表	填报对象为行政村村民委员会，社区居委会不填该表
S104 表	入河（海）排污口的普查范围为城市市区、县城、镇区内向环境水体排放污水的排污口
S105 表	监测范围为规模以上、主要排放未经处理的生活污水、具备测流条件的排污口，即仅监测"生活污水"或"混合污废水"类型中主要排放未经处理生活污水的排污口，如为污水处理厂排放口、雨水排放口或者工业企业排放口，则不纳入生活源污染物核算。监测数量不低于符合以上特征排污口数量的 10%
S201 表 S202 表	市辖区应纳入 S201 表中统计，不需填报 S202 表，重点应审核是否存在市辖区误填 S202 表的情况，如有误填须删除

（2）异常数据的筛选

通过简单的计算和排序，筛选出异常数据。计算 S101 表户均煤炭消耗量，人均生物质、管道煤气和罐装液化气消耗量并进行排序，识别异常数据。

（3）行业平均值对比审核

根据 S102 表常住户数和常住人口数计算区域家庭平均人数，一般不应大于 8 人，超过 8 人需进一步核实。

S105 表中，生活污水的化学需氧量、五日生化需氧量、氨氮浓度一般分别在 100～700 毫克/升、50～300 毫克/升、10～70 毫克/升范围内，五日生化需氧量和化学需氧量的比值（B/C）一般在 0.3～0.7 范围内，不在此范围内的需核实。

S201 表中一般人均住房（住宅）建筑面积范围为 20～60 米^2，不在此范围内的需核实。

全国各地人均日生活用水量差异较大，一般为 50～400 升，通常从市区、县城、镇区到村庄存在递减规律，市区和县城人均日生活用水量采用"[公共服务用水量+居民家庭用水量+生活用水量（免费供水）]/用水人口"核算 S201 表、S202

表中人均日生活用水量，不在范围内的需核实。

（4）表间数据比对

人口数量："城区人口（S201 表 09 指标）+城区暂住人口（S201 表 11 指标）+建制镇常住人口（S201 表 21 指标）+市辖区内所有行政村常住人口（S102 表 02 指标）"应与"市区人口（S201 表 08 指标）+市区暂住人口（S201 表 10 指标）"较接近；"县城人口（S202 表 02 指标）+县城暂住人口（S202 表 04 指标）+建制镇常住人口（S202 表 14 指标）+县域内所有行政村常住人口（S102 表 02 指标）"应与"全县人口（S202 表 01 指标）+县暂住人口（S202 表 03 指标）"较接近，相差较大的需进一步核实。

S102 表中，生活污水排放去向中选择"进入农村集中式污水处理设施的户数"的，农村集中式污水处理设施的定义务必与集中式污染治理设施普查表一致，即通过管道、沟渠将乡或村污水进行集中收集后统一处理的、设计处理能力≥10 吨/日（或服务人口≥100 人，或服务家庭数≥20 户）的污水处理设施或污水处理厂。如某村有填报"进入农村集中式污水处理设施的户数"的，必须核对该村是否有相应设施，并确保该设施也正确填报 J101-1 表、J101-2 表；如核实排入邻村农村集中式污水处理设施也可认为填报准确。如无法核实有相应集中式污染治理设施，或设施不满足普查定义（小于 10 吨/日），则应选择"其他生活污水排放去向"。

（5）统计数据对比审核

对比分析统计部门数据中 2017 年度常住人口、生活用水量等与普查数据之间的差异性，识别偏差较大的区县、乡镇、行政村。

4．非工业企业单位锅炉

（1）排序法识别异常值

按燃料类型分别对锅炉燃料消耗量进行排序，识别异常数据。根据锅炉额定出力、年运行时长、燃料消耗量计算锅炉燃料消耗强度，并进行排序，识别异常数据。

（2）统计数据对比审核

对比分析非工业企业单位锅炉燃料煤、燃油、燃气（煤气、液化石油气、天然气）、生物质燃料消耗量与统计部门的生活煤炭、石油、煤气、液化石油气、天然气、生物质消费量数据。

5. 集中式污染治理设施

对审核区域内的城镇污水处理厂的污水处理量、污泥产生量和处置量、各项污染物去除量，垃圾焚烧厂（或焚烧发电厂）和危险废物集中处置厂（有焚烧方式）的废气实际处理量和排放量、焚烧残渣和炉渣的产生量和处置量等排序，筛选出明显偏小或偏大的异常数据进行核实。

对审核区域内具有相同处理工艺的垃圾处理场和危险废物集中处置厂污染物产生强度或排放强度（如处理吨污水产生的污泥量、处理吨污水的耗电量等），进行排序比较，筛选出偏高或者偏低的普查对象。

统计审核区域垃圾填埋场（厂）处理的生活垃圾量，计算人均生活垃圾处理量，进行排序比较，筛选出偏大与偏小值。

6. 移动源

（1）汽车保有量数据对比分析

从省级层面，对比审核区域内大型客车、中型客车、小型客车、微型客车、重型货车、中型货车、轻型货车、微型货车保有量数据与 2017 年统计部门相关车型保有量数据，如数据差异超过 10%需核实并说明原因。

（2）农业机械总动力数据对比分析

从省级层面，对比审核区域内农业机械柴油总动力及大中型拖拉机、小型拖拉机、联合收割机、柴油排灌机械总动力数据与《2017 中国农业机械化年鉴》中 2016 年相关机型总动力数据，如数据差异超过 30%需核实并说明原因。

（3）油品储运销汇总数据对比分析

对比分析审核区域内储油库总数、加油站总数、油罐车总数与例常调度数据的差异性，总数少于例常调度数据需进一步核实。国家层面不开展移动源加油站数量汇总数据审核，由省级、地级自行审核。

从省级或地级层面，统计审核区域内加油站的汽油、柴油年销售量，与区域统计部门的汽油、柴油年销售量进行对比分析，差异超过20%需进一步核实并说明原因。

从省级或地级层面，统计审核区域内储油库的汽油、柴油年周转量，与区域统计部门的汽油、柴油年销售量进行对比分析，差异超过100%需进一步核实并说明原因。

三、普查数据评估方法

分别对各类源的普查数据审核结果进行评分，各类源分别从清查整改工作评估、普查对象数量审核、基本信息与生产活动水平异常审核、与统计数据的对比分析四个方面来进行评分，具体评分方法如下。

（一）清查整改工作评估

清查整改工作评估总分10分，其中开展了清查数据自查自审的得5分，按照审核结果开展了整改的得5分。

（二）普查对象数量审核

普查对象数量审核总分10分，其中行政区覆盖度审核5分，行业覆盖度审核5分。

行政区覆盖度审核得分 ＝5×（1－核实未上报的乡镇街道数/乡镇街道总数）

行业覆盖度审核得分 ＝5×（1－核实未上报的行业数/行业总数）

（三）基本信息与生产活动水平异常审核

该项总分60分，得分 ＝60×（1－差错率）。

$$差错率 = \frac{普查表出现异常或错误的普查对象数量}{核查区域内普查对象数量} \times 100\%$$

（四）与统计数据的对比分析

该项总分 20 分，得分 = 20 ×（1 - 差异较大的指标数/参评指标总数）

（五）总得分

根据审核评估地区的各类源普查数量占普查对象总数的比重折算各类源的得分，各类源折算得分加和即为基本信息与产业活动水平数据审核评估的总得分。见表 3-10。

总得分 = 工业源得分 ×（工业源数量/普查对象总数）+农业源得分 ×（农业源数量/普查对象总数）+ 生活源得分 ×（生活源数量/普查对象总数）+ 集中式得分 ×（集中式数量/普查对象总数）+ 移动源得分 ×（移动源数量/普查对象总数）

表 3-10 普查数据评分方法

评分项	总分	小项分数		评分办法
清查整改工作评估	10 分	清查数据自查自审	5 分	开展清查数据自查自审 5 分，未开展 0 分
		清查整改	5 分	按照审核结果开展整改 5 分，未开展 0 分
普查对象数量审核	10 分	行政区覆盖度	5 分	5×（1-核实未上报的乡镇街道数/乡镇街道总数）
		行业覆盖度	5 分	5×（1-核实未上报的行业数/行业总数）
基本信息与生产活动水平异常审核	60 分	普查对象异常或错误率	60 分	60×（1-差错率） 差错率 = 普查表出现异常或错误的普查对象数量/核查区域内普查对象数量×100%
与统计数据的对比分析	20 分	汇总指标差错率	20 分	20×（1-差异较大的指标数/参评指标总数）

第四章 综合评估内容与方法

一、综合评估内容

评估工作内容包括普查工作的开展情况评估、普查数据质量评估和产排污核算数据合理性评估。

（一）普查工作开展情况

通过查阅档案、实地取证、调查问卷等方法，对各省级行政区普查工作开展情况进行调查，根据评估指标体系及标准对以下内容进行评估。

（1）评估各省级行政区是否按照第二次全国污染源普查相关工作要求开展工作，包括普查组织实施和普查质量控制的各项工作是否按要求落实。

（2）评估普查工作阶段性成果对各省级行政区生态环境部门工作的支撑情况。

（3）评估各省级行政区在普查工作实施过程中队伍建设及人才培养情况。

（二）普查数据质量

评估工业源、农业源、生活源、集中式污染治理设施和移动源五类源普查对象的完整性、普查数据的准确性。

（1）普查对象的完整性。评估普查对象是否囊括了发放了排污许可证的排放源以及重点排污单位，普查对象是否按要求填报了相应的普查基表和普查综表。

（2）普查数据的准确性。评估普查对象填报的指标格式、数值是否正确，是否符合逻辑。普查对象的单张表格或指标是否填写完整，数据格式是否规范，数值是否在合理的区间范围内，产品、原料等的代码、名称、单位等是否符合填报要求。

（三）产排污核算数据合理性

将各省级行政区的污染物排放量与环境质量数据进行匹配分析，评估污染物产排污核算数据的合理性。

二、综合评估方法

（一）普查工作开展情况调查

1. 普查机构工作开展情况

以省级行政区为评估单元，对各省级行政区所辖的地级行政区及各地级行政区下辖的县级行政区（随机选取 2 个县级行政区）的普查机构工作开展情况进行评估，评估指标详见表 4-1，评估的结果按地级行政区进行统计。

表 4-1 普查机构普查工作目标完成情况的评估指标

二级指标	三级指标	分数	评估标准
普查组织管理	机构、人员落实情况	10	查阅地级行政区及抽查县级行政区普查办机构、人员相关的证明材料，包括印发的文件与通知等，核实：①是否设立了普查领导小组及其办公室，地级行政区和抽查县级行政区同时满足得 5 分，否则不得分；②是否配备了专职普查人员，地级行政区和抽查县级行政区同时满足得 5 分，否则不得分

二级指标	三级指标	分数	评估标准
普查组织管理	"两员"管理	10	查阅与"两员"管理相关的证明材料，包括印发的文件与通知、档案材料、照片等，核实：①抽查县级行政区的普查员和普查指导员的选聘是否符合基本条件，普查员和普查指导员是否满足配备清查建库时污染源数量要求，如果未印发相关选聘文件，则开展现场补充抽样调查，各县级行政区分别抽查5名"两员"，抽查的5人中只要有一人不满足条件，该项就不得分；②验证"两员"身份、照片、联系方式和"两员"管理考核试卷等信息完整性。以上两项，完成一项得5分
	普查培训	10	查阅与技术培训相关的证明材料，包括印发的文件与通知、会议简讯、照片、卷宗等，验证地级行政区是否开展过普查培训，只有一次培训得3分，有两次培训得6分，三次及三次以上培训得10分
	宣传动员	10	查阅抽查县级行政区普查办提供的与宣传工作相关的证明材料，包括印发的文件与通知、宣传信息电子版、视频、音频、照片等，验证：①是否发放了普查对象的一封信，抽查县级行政区同时满足得5分，否则不得分；②是否通过电视、报刊、网络、条幅等形式进行了宣传，每有一项抽查县级行政区同时完成的，得1分，每多一种形式增加1分，上限为5分
	名录比对	10	查阅与名录对比相关的证明材料，包括卷宗材料、工作报告等，验证各地级行政区：①是否组织开展了名录比对工作；②是否开展不同来源数据的比对；③是否形成待核实调查对象名单；④是否进行了补充纳入。以上四项，完成一项得2.5分
	入河（海）排污口监测	10	查阅县级行政区开展监测的规模以上生活源入河（海）排污口数量和规模以上生活源入河（海）排污口总数量，验证：①规模以上生活源入河（海）排污口数量是否全部开展监测，抽查县级行政区同时满足得5分，否则不得分；②是否分别在枯水期和丰水期开展监测，监测因子是否全面（不具备测流条件除外），抽查县级行政区同时满足得5分，否则不得分
	清查建库	10	查阅各地级行政区清查工作相关的证明材料，包括档案材料、工作报告、照片等，验证：①是否开展了生活源锅炉清查；②是否开展了排污口清查；③是否开展了名录库筛查对比；④是否建立了普查基本单位名录库；⑤是否开展了清查数据库审核。以上五项，每有一项完成的得2分

二级指标	三级指标	分数	评估标准
普查组织管理	工业源特色普查	10	查阅各地级行政区工业源入户调查工作相关材料，验证：①各地级行政区是否对地级工业园区进行了入户调查并填报普查报表，按要求填报的得 5 分；②抽查县级行政区的企业是否填报了 G109 表，抽查县级行政区同时满足得 5 分，否则不得分
	农业源特色普查	10	查阅各地级行政区农业源入户调查工作相关材料，验证各地级行政区的县级行政区是否按要求填报了 N204-1 表、N204-2 表、N204-3 表，按要求填报了一张的得 3 分，填报了两张的得 6 分，三张均填报了得 10 分
	普查档案管理	10	查阅各地级行政区档案整理相关证明材料，包括印发的文件与通知、会议纪要、工作报告、照片等，验证：①地级行政区普查档案是否有专人管理及专门存放地点；②抽查县级行政区普查档案是否做到分类整理；③抽查县级行政区是否建立了普查电子档案；④抽查县级行政区普查档案是否有专人管理及专门存放地点。以上四项，每有一项完成的得 2.5 分，抽查的县级行政区必须同时满足才能得分
普查质量控制	责任体系建立	10	查阅各地级行政区与责任体系相关的证明材料，包括印发的文件等，验证是否健全普查责任体系，完成的得 10 分
	质量核查	10	查阅各地级行政区与质量核查相关的证明材料，包括印发的文件与通知、工作报告、照片等，验证：①是否开展清查质量核查，并编制质量核查与评估报告；②是否开展入户阶段地级行政区质量自审，并形成审核意见；③是否开展强化普查数据审核和质量核查，并联合农业、水利部门集中会审；④是否开展普查数据核算质量核查并编制质量核查与评估报告。以上四项，每有一项完成的得 2.5 分

2．阶段性普查成果支撑环境管理工作情况

阶段性普查成果支撑环境管理工作情况按表 4-2 进行评估。

表4-2　阶段性普查成果支撑环境管理工作情况评估指标

指标	分数	评估标准
普查数据支撑作用	10	根据提供的数据支撑材料，判断普查数据发挥了何种支撑作用，包括：①支撑建立健全生态环境相关制度；②支撑重大生态环境问题的统筹协调和监督管理；③支撑落实国家减排目标的监督管理；④支撑提出生态环境领域固定资产投资规模和方向、环保专项资金安排的意见；⑤支撑环境污染防治和生态环境准入的监督管理；⑥支撑协调和监督生态保护修复和宣传教育工作；⑦支撑核与辐射安全的监督管理；⑧支撑生态环境监测和监督执法工作；⑨支撑应对气候变化工作；⑩支撑生态环境保护督察。以上每有一项者得2分，每项不累计加分。除这10项之外的其他类型支撑，每多一种类型多加2分，上限为10分。

3. 队伍建设和人才培养情况

普查工作的实施为生态环境系统进行了一次全方位的系统培训，大力提升了各级生态环境部门的工作能力水平。通过统计各地级参与普查工作的人员情况，对生态环境队伍建设情况和人才培养情况进行调查和评估，评估标准见表4-3。

表4-3　队伍建设和人才培养情况评估指标

二级指标	三级指标	分数	评估标准
队伍建设和人才培养	生态环境专业队伍建设情况	10	统计各地级行政区普查工作人员中生态环境机构人员所占比例，大于等于80%的得10分，50%～80%的得8分，30%～50%的得6分，10%～30%的得6分，小于10%的得2分
	人才培养情况	10	统计各地级行政区普查工作人员参加国家级、省级核查检查的情况，参加国家级的每有1人得4分，参加省级的每有5人得1分；统计各地级行政区普查工作人员在国家级或省级培训班进行授课的情况，每有1人得4分，上限为10分

（二）普查数据质量调查

1. 普查对象的覆盖度

将工业源、集中式污染治理设施等普查对象与排污许可证发布名录、重点排污单位名单进行对比分析，对比普查对象名录是否有遗漏，并计算普查对象的漏查率；将填报了 S102 表（行政村生活污染基本信息）的行政村目录与各地级行政区的行政村名录进行匹配，对比是否存在遗漏的行政村，并计算漏查率；对比各地级行政区的县级行政区是否填报了 N201-1 表、N201-2 表、N201-3 表、N202 表、N203 表、S202 表，并计算漏查率；对比各地是否填报了 S201 表、Y201-1 表、Y201-2 表、Y202-1 表、Y202-2 表、Y202-3 表、Y202-4 表、Y203 表，并计算漏查率。普查对象漏查率计算方式如下：

$$各类源普查对象漏查率 = \frac{各类源遗漏普查对象个数}{各类源普查对象数量} \times 100\%$$

根据普查对象漏查率对照表 4-4 进行评估。

表 4-4　普查对象覆盖度评估指标

二级指标	三级指标	分数	评估标准
普查对象的覆盖度	与排污许可证发布名录对比	10	漏查率为 0，得 10 分，否则得 0 分
	与重点排污单位名单进行对比	10	漏查率为 0，得 10 分，否则得 0 分
	S102 表漏填率	10	漏查率为 0，得 10 分，否则得 0 分
	区县综表漏填率	10	漏查率为 0，得 10 分，否则得 0 分
	地市综表漏填率	10	漏查率为 0，得 10 分，否则得 0 分

2. 普查数据的准确性

结合国家普查办和地方普查办对各地级行政区核查结果及现场抽查方式对各地级行政区普查数据的准确性进行评价，有核查结果的地级行政区直接以核查结果作为评价依据，其他地级行政区通过抽取普查数据样本，通过关键指标审核和入户核查等方式开展现场评估，对数据的准确性进行评价，计算普查数据的指标差错率，计算公式如下：

$$普查数据指标差错率 = \frac{出现差错的关键指标数量}{抽取的普查对象关键指标总数} \times 100\%$$

（1）关键指标审核

普查样本抽取方式：各地级行政区采用随机抽取的方式开展普查数据质量的评价，抽取的普查对象应尽量覆盖各县级行政区。

普查样本抽样数量：工业源按5%的比例进行抽样（数量不超过100家），工业源总数小于500家的，随机抽取25家，抽取的工业污染源原则上应覆盖区域内的主要行业类别和不同企业规模。

生活源中生活源锅炉和入河（海）排污口按5%的比例进行抽样［抽样数量不超过10台（个）］，生活源锅炉和入河（海）排污口总数小于60台（个）的，随机抽取3台（个）［不足3台（个）的全部抽样］。

农业源中规模化畜禽养殖场按10%的比例进行抽样（抽样数量不超过10家），规模化畜禽养殖场总数小于30家的，随机抽取3家（不足3家的全部抽样）。

集中式污染治理设施中集中式污水处理厂按10%的比例进行抽样（抽样数量不超过5家），污水处理厂数量小于10家的，随机抽取1家；生活垃圾集中处理场（厂）和危险废物集中处置场（厂）分别抽取1家。

移动源按10%的比例进行抽样（抽样数量不超过10家），移动源小于30家的，随机抽取3家（不足3家的全部抽样）。

（2）入户核查

从各地级行政区随机抽取普查对象，作为入户核查的普查对象，各类源抽查数量如表4-5所示。

表4-5 各类污染源入户评估抽查数量

污染源		入户评估抽查数量
工业源		地级及以上重点企业抽查数量不低于1家，非重点企业抽查数量不低于1家，停产企业不低于1家
生活源	生活源锅炉	抽查数量不低于1台，没有的除外
	入河（海）排污口	抽查数量不低于1个，没有的除外
农业源		规模化畜禽养殖场抽查数量不低于1家
集中式污染治理设施		区域内集中式污水处理单位抽查数量不低于1家，没有的除外；区域内生活垃圾集中处置单位或危险废物集中处置单位抽取1家，没有的除外
移动源	储油库	抽查数量不低于1家，没有的除外
	加油站	抽查数量不低于1家，没有的除外
	油罐车	抽查数量不低于1家，没有的除外

根据普查数据的指标差错率对照表4-6进行评估。

表4-6 普查数据准确性评估指标

二级指标	三级指标	分数	评估标准
普查数据准确性	工业源普查数据指标差错率	10	差错为0，得10分；差错率为0～0.5%，得9分；差错率为0.5%～1%，得7分；差错率为1%～1.5%，得5分；差错率为1.5%～2.0%，得3分；差错率为大于2%，得0分
	农业源普查数据指标差错率	10	
	生活源普查数据指标差错率	10	
	集中式污染治理设施普查数据指标差错率	10	
	移动源普查数据指标差错率	10	

（三）产排污核算数量质量调查

将各县级行政区的二氧化硫、氮氧化物和颗粒物的排放量核算数据与 2017 年各县级行政区二氧化硫、氮氧化物和可吸入颗粒物的年均浓度进行对比，采取象限分析法（九宫格法）进行匹配分析。分析污染物产排污数据是否与环境质量状况相匹配，该项指标不参与评分。

（四）总体评估

1. 评估指标

本次评估指标体系分为一级指标、二级指标和三级指标，其中一级指标 2 项、二级指标 5 项、三级指标 25 项，评估指标见表4-7。

表4-7 普查评估指标体系

一级指标	二级指标	三级指标
普查工作开展情况	普查组织实施	机构、人员落实情况
		"两员"管理
		普查培训
		宣传动员
		名录比对
		入河（海）排污口监测
		清查建库
		工业源特色普查
		农业源特色普查
		普查档案管理
	普查质量控制	责任体系建立
		质量核查
	普查支撑及队伍建设	普查成果支撑环境管理工作情况
		业务骨干培养情况
		生态环境专业队伍建设情况
普查数据质量	普查对象的覆盖度	与排污许可证发布名录对比
		与重点排污单位名单对比
		S102 表漏填率
		县（区）综表漏填率
		地市综表漏填率
	普查数据的准确性	工业源普查数据指标差错率
		农业源普查数据指标差错率
		生活源普查数据指标差错率
		集中式污染治理设施普查数据指标差错率
		移动源普查数据指标差错率

2．评估指标的权重确定

采用层次分析法（AHP 法）确定指标的权重，以问卷调查的形式，邀请专家分别针对一级指标、二级指标和三级指标通过两两比较重要程度而逐层进行判断评分，利用计算判断矩阵的特征向量确定下层指标对上层指标的贡献程度，从而得到基层指标对总体目标或综合评价指标重要性的排列结果。

3．评估过程

（1）指标权重计算

三级指标对一级指标权重计算：

$$W(CA)_i = W_i \times W(BA)_i$$

式中，$W(CA)_i$ 为三级指标相对于一级指标的权重；W_i 为三级指标相对于二级指标的权重；$W(BA)_i$ 为二级指标相对于一级指标的权重。

一级指标权重计算：

$$A_k = \sum_j^m W(CA)_i \times x_{ij}$$

式中，A_k 为第 k 个一级指标的计算结果；x_{ij} 为三级评价指标的指标值（评分值）；$W(CA)_i$ 为三级指标相对于一级指标的权重。

（2）普查评估指数计算

普查工作的完成情况、普查数据质量一级指标加权求和，计算得到普查工作的评估指数（EI）。

$$EI = \sum_k^2 A_k \times W_k \times 10$$

式中，EI 为普查工作的评估指数；A_k 为第 k 个一级指标得分值；W_k 为第 k 个一级指标的权重系数。

4．普查工作评估分级标准

根据各省级行政区普查评估指数得分情况划分普查工作评估等级，分为优秀、良好、完成和未完成四个等级，详见表 4-8。

表 4-8   普查评估指数等级划分标准

评估指数（EI）	普查工作评估等级
$EI \geq 85$	优秀
$70 \leq EI < 85$	良好
$60 \leq EI < 70$	完成
$EI < 60$	未完成

根据各省级行政区普查工作各评估等级占比，评估普查工作总体评估等级，详见表 4-9。

表 4-9   省级普查评估指数等级划分标准

地级评估等级占比	省级普查工作评估等级
优、良地市数量占比≥80%	优秀
60%≤优、良地市数量占比＜80%	良好
优、良地市数量占比≥40%，未完成地市数量＜10%	完成
未完成地市数量＞10%	未完成

第二篇

清查数据审核案例

第五章　工业源清查数据审核

一、清查数量与工业增加值匹配

（一）排序对比法

计算工业增加值在全国或全省排名与清查企业数量在全国或全省排序的差值。差值为负值表示存在漏查嫌疑，值越小表示漏查嫌疑越大。如表 5-1 所示，市$_G$清查企业数量在该省排名为第 7，但市$_G$工业增加值在全省排名第 1，排序相差较大，需要核实市$_G$清查企业数量是否存在漏报现象。

表 5-1　排序对比法匹配清查企业数量与工业增加值

城市代码	清查企业数量/家	排序	工业增加值/亿元	排序	排序差
市$_A$	33 665	1	1 757.81	3	2
市$_B$	24 492	2	1 192.67	6	4
市$_C$	19 975	3	1 681.89	4	1
市$_D$	18 289	4	2 694.15	2	−2
市$_E$	15 212	5	668.34	8	3
市$_F$	12 847	6	925.83	7	1
市$_G$	11 954	7	3 499.63	1	−6

城市代码	清查企业数量/家	排序	工业增加值/亿元	排序	排序差
市$_I$	7 217	8	1 576.44	5	−3
市$_K$	3 129	9	658.72	9	0
市$_J$	2 695	10	468.63	11	1
市$_H$	2 228	11	547.11	10	−1

（二）占比对比法

计算工业增加值在全国或全省占比与清查企业数量在全国或全省占比的差值。差值为正表示存在漏查嫌疑，差值越大表示漏查嫌疑越大。如表 5-2 所示，市$_G$清查企业数量占全省清查企业数量的比例为 7.7%，但市$_G$工业增加值占全省工业增加值比例为 22.3%，占比相差较大，需要核实该区域清查企业数量是否存在漏报现象。

表 5-2 占比对比法匹配清查企业数量与工业增加值

城市代码	清查企业数量/家	占比	工业增加值/亿元	占比	占比差
市$_A$	33 665	21.8%	1 757.81	11.2%	−10.6%
市$_B$	24 492	15.8%	1 192.67	7.6%	−8.2%
市$_C$	19 975	12.9%	1 681.89	10.7%	−2.2%
市$_D$	18 289	11.8%	2 694.15	17.2%	5.4%
市$_E$	15 212	9.8%	668.34	4.3%	−5.5%
市$_F$	12 847	8.3%	925.83	5.9%	−2.4%
市$_G$	11 954	7.7%	3 499.63	22.3%	14.6%
市$_I$	7 217	4.7%	1 576.44	10.1%	5.4%
市$_K$	3 129	2.0%	658.72	4.2%	2.2%
市$_J$	2 695	1.7%	468.63	3.0%	1.3%
市$_H$	2 228	1.4%	547.11	3.5%	2.1%

（三）偏差法

以线性偏差法说明分析过程，以工业增加值为横坐标，清查企业数量为纵坐标，在 Excel 中绘制散点图，用线性拟合的方式取得线性方程，然后计算每个散点到直线的距离。远离趋势线的点可能存在数据异常，需进一步核实是否填报错误。如表 5-3、图 5-1 所示，市$_F$、市$_P$ 等城市离趋势线距离较远，清查企业数量疑似存在漏报，需进一步核实。

表 5-3 偏差法匹配清查企业数量与工业增加值

城市代码	清查企业数量/家	工业增加值/亿元	距离/量纲一
市$_A$	134	545	102
市$_B$	234	987	354
市$_C$	335	1 235	465
市$_D$	768	1 345	246
市$_E$	987	456	549
市$_F$	1 167	6 589	3 776
市$_G$	1 234	2 435	716
市$_H$	3 244	2 345	732
市$_I$	3 456	2 344	879
市$_J$	5 683	4 356	952
市$_K$	7 634	8 795	925
市$_L$	8 765	8 997	293
市$_M$	9 925	10 677	713
市$_N$	9 934	8 835	629
市$_O$	12 561	12 368	125
市$_P$	14 532	8 589	3 973

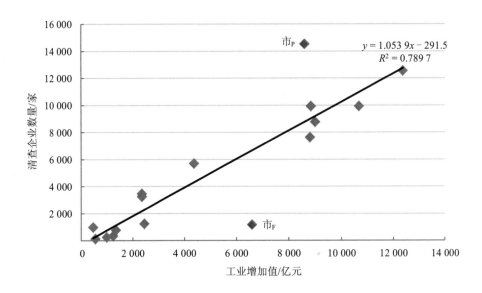

图 5-1 偏差法匹配清查企业数量与工业增加值

（四）象限分析法

分行政区对清查企业数量与工业增加值做相关性分析，在 Excel 中绘制散点图，将散点划分为 9 个象限，落在 α、β、γ 3 个象限中的点可能存在数据异常，需进一步核实是否填报错误。

如对某区域内清查企业数量与工业增加值进行匹配分析，采用 K-means 算法分别对清查企业数量与工业增加值进行聚类计算，分别被划分为 "1""2""3"三类，结果见表 5-4。

如图 5-2 所示，市$_{CC}$ 落在 α 象限，其工业增加值较大，但清查企业数量偏小，疑似存在漏报错报现象，需进一步核实是否填报错误。

表5-4 象限分析法匹配清查企业数量与工业增加值

城市代码	清查企业数量/家	工业增加值/亿元	清查企业数量分类结果	工业增加值分类结果
市$_A$	134	25	1	1
市$_B$	234	456	1	1
市$_C$	335	851	1	1
...	...	...	...	...
市$_S$	5 683	5 643	1	2
市$_T$	6 789	6 589	2	2
...	...	...	...	...
市$_{BB}$	14 532	12 368	2	3
市$_{CC}$	33 210	2 435	3	1

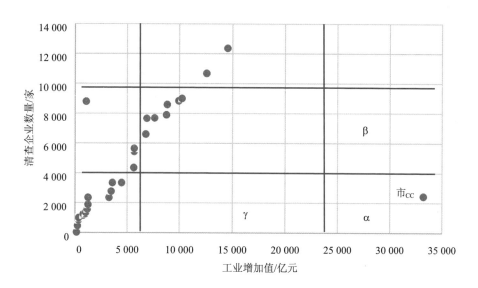

注：图中α、β、γ象限为疑似数据偏少省（自治区、直辖市），α象限最严重，β象限、γ象限次之。

图5-2 象限分析法匹配清查企业数量与工业增加值

二、清查数量与 BCD 行业固定资产投资额匹配

（一）排序对比法

分行政区对清查企业数量、BCD 行业固定资产投资额分别排序，进行匹配分析，筛选出排序相差偏大的地区，进一步核实该地区数据是否误报。如市$_Z$清查企业数量在全省排名为 25 名，但该区域 BCD 行业固定资产投资额在全省排名第 13，排序相差较大，需要核实该区域清查企业数量是否存在漏报、错报现象。见表 5-5。

表 5-5　排序对比法匹配清查企业数量与 BCD 行业固定资产投资额

城市代码	清查企业数/家	排序	近十年 BCD 行业固定资产投资额/亿元	排序	排序差
市$_A$	573 468	1	64 878.46	8	7
市$_B$	485 209	2	61 816.09	9	7
市$_C$	274 117	3	153 001.87	1	−2
市$_D$	174 219	4	147 116.18	2	−2
市$_E$	154 528	5	92 100.83	4	−1
...	...	...	...	...	...
市$_O$	41 890	15	12 413.29	26	11
市$_P$	34 006	16	21 715.75	23	7
...	...	...	...	...	...
市$_Y$	21 656	24	37 193.33	16	−8
市$_Z$	17 888	25	52 881.68	13	−12
市$_{AA}$	11 980	26	16 229.66	24	−2
...	...	...	...	...	...

（二）占比对比法

分行政区计算清查企业数量占比、BCD 行业固定资产投资额占比并进行匹配

分析，筛选出占比相差偏大的地区，进一步核实该地区数据是否存在漏报。如市$_H$清查企业数量占全省清查企业数量的比例为 3.3%，但该区域 BCD 行业固定资产投资额占全省 BCD 行业固定资产投资额比例为 7.5%，占比相差较大，需要核实该区域清查企业数量是否存在漏报现象。见表 5-6。

表 5-6　占比对比法匹配清查企业数量与 BCD 行业固定资产投资额

城市代码	清查企业数量/家	占比	近十年 BCD 行业固定资产投资额/亿元	占比	占比差
市$_A$	573 468	21.5%	64 878.46	4.5%	−17.0%
市$_B$	485 209	18.2%	61 816.09	4.2%	−14.0%
市$_C$	274 117	10.3%	153 001.87	10.5%	0.2%
…	…	…	…	…	…
市$_H$	86 657	3.3%	108 908.98	7.5%	4.2%
市$_I$	78 022	2.9%	54 570.75	3.8%	0.9%
市$_J$	73 268	2.7%	67 474.79	4.6%	1.9%
…	…	…	…	…	…
市$_Y$	21 656	0.8%	37 193.33	2.6%	1.8%
市$_Z$	17 888	0.7%	52 881.68	3.6%	2.9%
市$_{AA}$	11 980	0.4%	16 229.66	1.1%	0.7%

（三）偏差法

以线性偏差法说明分析过程，以 BCD 行业固定资产投资额为横坐标，清查企业数量为纵坐标，在 Excel 中绘制散点图，用线性拟合的方式取得线性方程，然后计算每个散点到直线的距离。远离趋势线的点可能存在数据异常，需进一步核实是否填报错误。如表 5-7、图 5-3 所示，市$_H$离趋势线距离较远，清查企业数量数据是否存在漏报，需进一步核实。

表 5-7　偏差法匹配清查企业数量与 BCD 行业固定资产投资额

城市代码	清查企业数量/家	BCD 行业固定资产投资额/亿元	距离/量纲一
市A	21 065	1 757.81	191
市B	20 492	1 592.67	311
市C	19 975	1 681.89	182
市D	18 289	1 694.15	38
市E	13 212	1 168.34	166
市F	10 847	925.83	223
市G	11 954	1 499.63	262
市H	7 217	1 576.44	709
市I	3 129	658.72	113
市J	2 695	468.63	43
市K	2 228	547.11	72

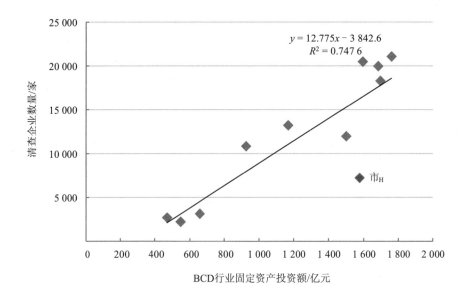

图 5-3　偏差法匹配清查企业数量与 BCD 行业固定资产投资额

（四）象限分析法

分行政区对清查企业数量与 BCD 行业固定资产投资额做相关性分析，在 Excel 中绘制散点图，采用 K-means 算法分别对清查企业数量与 BCD 行业固定资产投资额进行聚类计算，将散点划分为 9 个象限，落在 α、β、γ 3 个象限中的点可能存在数据异常，需进一步核实是否填报错误。当样本数量较少时（对于一个省来说，下辖十几个地级市，样本相对较少），也可以划分为 4 个象限，重点关注处于右下角 α 象限的点位。

如对某区域清查企业数量与 BCD 行业固定资产投资进行匹配分析，如表 5-8、图 5-4 所示，市$_H$ 落在 α 象限，说明其 BCD 行业固定资产投资额较大，但清查企业数量偏小，疑似存在漏报错报现象，需进一步核实是否填报错误。

表 5-8　象限分析法匹配清查企业数量与 BCD 行业固定资产投资额

城市代码	清查企业数量/家	BCD 行业固定资产投资额/亿元
市$_A$	4 767	443.83
市$_B$	4 298	315.89
市$_C$	3 989	555.28
市$_D$	3 720	468.63
市$_E$	2 451	554.89
市$_F$	2 411	561.13
市$_G$	2 372	646.93
市$_H$	2 283	1 067.56
市$_I$	1 605	374.62
市$_J$	1 557	299.16
市$_K$	1 076	395.23

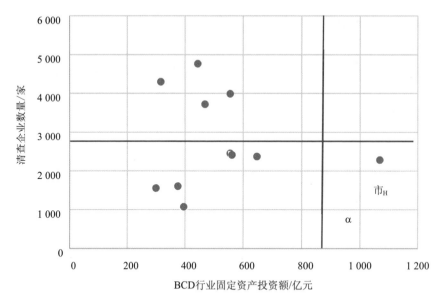

注：图中 α 象限为疑似数据偏少省（自治区、直辖市）。

图 5-4　象限分析法匹配清查企业数量与 BCD 行业固定资产投资额

三、行业清查数量与行业工业销售产值匹配

（一）排序对比法

分行政区对某一行业清查企业数量、行业工业销售产值分别排序，进行匹配分析，筛选出排序相差偏大的地区，进一步核实该地区数据是否误报。如表 5-9 所示，市$_D$ 造纸和纸制品业工业销售产值在全省排名第 1，但清查企业数量在全省排名第 4，排序相差较大，需要核实该区域清查企业数量是否存在漏报现象。

表5-9 排序对比法匹配造纸和纸制品业清查企业数量与工业销售产值

城市代码	清查企业数量/家		行业工业销售产值/亿元		排序差
		排序		排序	
市A	17 416	1	2 050.10	2	1
市B	12 858	2	1 331.15	4	2
市C	5 500	3	1 633.00	3	0
市D	3 826	4	2 530.83	1	−3
市E	3 754	5	472.03	10	5
…	…	…	…	…	…
市EE	2	31	0.33	31	0

（二）占比对比法

分行政区计算行业清查企业数量占比、行业工业销售产值占比并进行匹配分析，筛选出占比相差偏大的地区，进一步核实该地区数据是否存在漏报。如表5-10所示，市D造纸和纸制品业工业销售产值在全省占比为17.1%，但清查企业数量在全省占比为6.3%，占比相差较大，需要核实该区域清查企业数量是否存在漏报现象。

表5-10 占比对比法匹配造纸和纸制品业清查企业数量与工业销售产值

城市代码	清查企业数量/家	工业源数量占比	行业工业销售产值/亿元	工业销售产值占比	占比差
市A	17 416	28.6%	2 050.1	13.8%	−14.8%
市B	12 858	21.1%	1 331.15	9.0%	−12.1%
市C	5 500	9.0%	1 633	11.0%	2.0%
市D	3 826	6.3%	2 530.83	17.1%	10.8%
市E	3 754	6.2%	472.03	3.2%	−3.0%
…	…	…	…	…	…
市EE	2	0	0.33	0	0

（三）偏差法

以线性偏差法说明分析过程，以行业工业销售产值为横坐标，以清查企业数量为纵坐标，在 Excel 中绘制散点图，用线性拟合的方式取得线性方程，然后计算每个散点到直线的距离。远离趋势线的点可能存在数据异常，需进一步核实是否填报错误。如以偏差法对某地区农副食品加工业清查企业数量与行业工业销售产值分析，如表 5-11、图 5-5 所示，市$_H$ 离趋势线距离较远，需进一步核实清查企业数量数据是否存在漏报现象。

表 5-11　偏差法匹配农副食品加工业清查企业数量与行业工业销售产值

城市代码	清查企业数量/家	行业工业销售产值/亿元	距离/量纲一
市$_A$	319	106.11	1
市$_B$	381	4.35	120
市$_C$	448	384.30	198
市$_D$	609	122.01	107
市$_E$	714	134.05	140
市$_F$	864	966.94	556
市$_G$	1 128	411.91	59
市$_H$	2 000	2 265.79	1 266
市$_I$	2 203	1 272.46	278
市$_J$	2 378	889.89	143
市$_K$	2 475	930.30	147
市$_L$	3 090	738.73	576
市$_M$	3 340	2 181.06	632
市$_N$	4 053	2 558.50	679
市$_O$	4 682	2 354.80	233
市$_P$	5 443	2 279.77	151
市$_Q$	5 966	1 952.97	666
市$_R$	6 426	2 762.91	120
市$_S$	6 763	2 928.88	109

城市代码	清查企业数量/家	行业工业销售产值/亿元	距离/量纲一
市$_T$	7 841	3 280.33	237
市$_U$	7 938	2 727.29	780
市$_V$	8 256	3 196.71	485

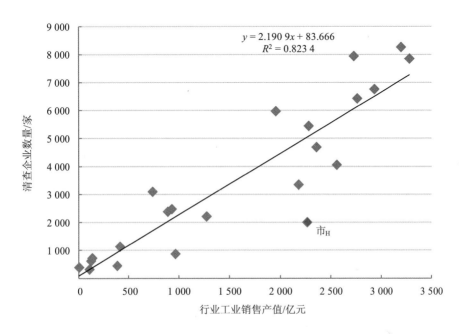

图 5-5　偏差法匹配农副食品加工业清查企业数量与行业工业销售产值

（四）象限分析法

分行业对清查企业数量与行业工业销售产值做相关性分析，在 Excel 中绘制散点图，采用 K-means 算法分别对清查企业数量与行业工业销售产值进行聚类计算（具体计算方法同上），将散点划分为 9 个象限，落在α、β、γ 3 个象限中的点可能存在数据异常，需进一步核实是否填报错误。

如对某区域范围内煤炭开采与洗选业清查企业数量与工业销售产值进行匹配分析，如表 5-12、图 5-6 所示，市$_B$落在 γ 象限，说明其工业销售产值较大，但清查企业数量偏少，疑似存在漏报错报现象，需进一步核实是否填报错误。

表 5-12　象限分析法匹配煤炭开采与洗选业清查企业数量与行业工业销售产值

城市代码	行业工业销售产值/亿元	清查企业数量/家
市$_A$	202.3	12
市$_B$	392.2	35
市$_C$	124.1	26
市$_D$	66.4	39
市$_E$	250.3	81
市$_F$	379.8	115
市$_G$	21.1	18
市$_H$	14.2	36
市$_I$	162.8	58
市$_J$	1 045.2	230
市$_K$	381.7	160

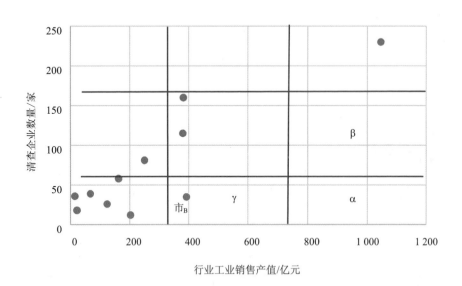

注：图中 α、β、γ 象限为疑似数据偏少省（自治区、直辖市），α 象限最严重，β、γ 象限次之。

图 5-6　象限分析法匹配煤炭开采与洗选业清查企业数量与行业工业销售产值

第六章　农业源清查数据审核

一、养猪场总数与生猪出栏量匹配

（一）排序对比法

计算统计部门生猪出栏量在全国或全省排名与清查养猪场数量在全国或全省排序的差值。差值为负值表示存在漏查嫌疑，值越小表示漏查嫌疑越大。如表 6-1 所示，市$_K$生猪出栏量排名第 10，而清查养猪场数量排名为 12，存在漏查嫌疑。

表 6-1　排序对比法匹配清查养猪场数量与生猪出栏量

城市代码	清查养猪场数量/家	排序	生猪出栏量/头	排序	排序差
市$_A$	236	6	334 869	6	0
市$_B$	265	3	377 392	5	2
市$_C$	718	1	1 761 381	1	0
市$_D$	55	10	79 030	11	1
市$_E$	551	2	794 099	2	0
市$_F$	111	9	222 636	9	0
市$_G$	243	4	432 881	3	−1

城市代码	清查养猪场数量/家	排序	生猪出栏量/头	排序	排序差
市$_H$	241	5	381 375	4	−1
市$_I$	190	7	320 542	7	0
市$_J$	145	8	229 220	8	0
市$_K$	17	12	156 150	10	−2
市$_L$	13	14	15 590	14	0
市$_M$	19	11	19 110	13	2
市$_N$	17	13	24 947	12	−1

（二）占比对比法

计算统计部门生猪出栏量在全国或全省占比与清查养猪场数量在全国或全省占比的差值。差值为正表示存在漏查嫌疑，值越大表示漏查嫌疑越大。如表 6-2 所示，市$_C$ 生猪出栏量占比为 34.2%，而清查养猪场数量占比为 25.5%，存在漏查嫌疑。

表 6-2　占比对比法匹配清查养猪场数量占比与生猪出栏量占比

城市代码	清查养猪场数量/家	占比	生猪出栏量/头	占比	占比差
市$_A$	236	8.4%	334 869	6.5%	−1.9%
市$_B$	265	9.4%	377 392	7.3%	−2.1%
市$_C$	718	25.5%	1 761 381	34.2%	8.8%
市$_D$	55	1.9%	79 030	1.5%	−0.4%
市$_E$	551	19.5%	794 099	15.4%	−4.1%
市$_F$	111	3.9%	222 636	4.3%	0.4%
市$_G$	243	8.6%	432 881	8.4%	−0.2%
市$_H$	241	8.5%	381 375	7.4%	−1.1%
市$_I$	190	6.7%	320 542	6.2%	−0.5%
市$_J$	145	5.1%	229 220	4.5%	−0.7%
市$_K$	17	0.6%	156 150	3.0%	2.4%

城市代码	清查养猪场数量/家	占比	生猪出栏量/头	占比	占比差
市L	13	0.5%	15 590	0.3%	−0.2%
市M	19	0.7%	19 110	0.4%	−0.3%
市N	17	0.6%	24 947	0.5%	−0.1%

（三）偏差法

以线性偏差法说明分析过程。以统计部门生猪出栏量为横坐标，以清查养猪场数量为纵坐标绘制散点图，用线性拟合的方式取得线性方程，然后计算每个散点到直线的距离。如利用偏差法分析某区域数据，结果如表 6-3、图 6-1 所示，市I 的距离最大，疑似存在漏查漏报现象，需进一步核实。

表 6-3　偏差法匹配清查养猪场数量与生猪出栏量

城市代码	清查养猪场数量/家	生猪出栏量/万头	距离/量纲一
市A	2 959	1 426.52	38
市B	3 023	1 361.82	50
市C	2 097	916.66	11
市D	1 728	681.52	14
市E	975	516.11	207
市F	726	386.29	215
市G	1 239	481.92	49
市H	1 465	393.19	138
市I	2 371	665.04	342
市J	1 243	594.71	146
市K	1 168	211.53	153
市L	1 363	199.85	258
市M	625	219.97	119
市N	681	310.69	171

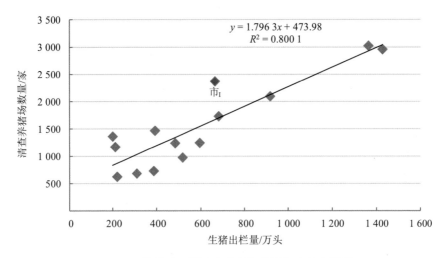

图 6-1 偏差法匹配清查养猪场数量与生猪出栏量

（四）象限分析法

以统计部门生猪出栏量为横坐标，以清查养猪场数量为纵坐标绘制散点图，如表 6-4 所示，按照象限分析法，所得九宫格如图 6-2 所示，市$_W$ 位于 β 象限，市$_F$、市$_Y$ 位于 γ 象限，漏查的嫌疑较大。

表 6-4 象限分析法匹配清查养猪场数量与生猪出栏量

城市代码	清查养猪场数量/家	统计部门生猪出栏量/万头
市$_A$	479	275.3
市$_B$	1 537	374.8
市$_C$	7 897	3 433.9
市$_D$	3 047	748.9
市$_E$	871	909.2
市$_F$	4 637	2 608.8
市$_G$	3 164	1 619.3
市$_H$	2 135	1 844.7
市$_I$	90	171.1
市$_J$	7 059	2 847.3

城市代码	清查养猪场数量/家	统计部门生猪出栏量/万头
市$_K$	2 495	1 169.2
市$_L$	7 670	2 874.9
市$_M$	5 961	1 720.5
市$_N$	11 517	3 103.1
市$_O$	8 827	4 662.0
市$_P$	20 268	6 004.6
市$_Q$	8 687	4 223.6
市$_R$	14 758	5 920.9
市$_S$	14 751	3 531.9
市$_T$	6 915	3 280.1
市$_U$	1 022	529.6
市$_V$	1 999	2 047.8
市$_W$	8 396	6 925.4
市$_X$	1 699	1 759.4
市$_Y$	3 831	3 378.6
市$_Z$	30	18.3
市$_{AA}$	2 818	1 142.9
市$_{BB}$	1 230	670.3
市$_{CC}$	76	138.3
市$_{DD}$	337	96.2
市$_{EE}$	399	471.0

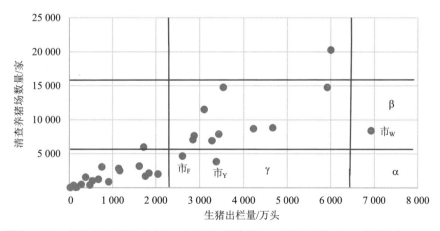

注：图中α、β、γ象限为疑似数据偏少省（自治区、直辖市），α象限最严重，β、γ象限次之。

图 6-2　象限分析法匹配清查养猪场数量与生猪出栏量

二、养猪场总数与猪肉产量匹配

（一）排序对比法

计算统计部门猪肉产量在全国或全省排名与清查养猪场数量在全国或全省排序的差值。差值为负值表示存在漏查嫌疑，值越小表示漏查问题越大。如表 6-5 所示，市I 猪肉产量排名第 2，而清查养猪场数量排名第 7，存在漏查嫌疑。

表 6-5　排序对比法匹配清查养猪场数量与猪肉产量

城市代码	清查养猪场数量/家	排序	猪肉产量/吨	排序	排序差
市A	236	6	130 906	5	−1
市B	265	3	115 521	7	4
市C	718	1	142 128	4	3
市D	55	10	7 776	11	1
市E	551	2	169 515	3	1
市F	111	9	54 591	9	0
市G	243	4	89 686	8	4
市H	241	5	282 661	1	−4
市I	190	7	224 203	2	−5
市J	145	8	123 633	6	−2
市K	17	12	4 188	13	1
市L	13	14	6 895	12	−2
市M	19	11	10 345	10	−1
市N	17	13	2 700	14	1

（二）占比对比法

计算统计部门猪肉产量在全国或全省占比与清查养猪场数量在全国或全省占

比的差值。差值为正表示存在漏查嫌疑，值越大表示漏查嫌疑越大。如表 6-6 所示，市$_H$猪肉产量占比为 20.7%，而清查养猪场数量占比为 8.5%；市$_I$猪肉产量占比为 16.4%，而清查养猪场数量占比为 6.7%，均存在漏查嫌疑。

表 6-6　占比对比法匹配清查养猪场数量占比与猪肉产量占比

城市代码	清查养猪场数量/家	占比	猪肉产量/吨	占比	占比差
市$_A$	236	8.4%	130 906	9.6%	1.2%
市$_B$	265	9.4%	115 521	8.5%	−0.9%
市$_C$	718	25.5%	142 128	10.4%	−15.0%
市$_D$	55	1.9%	7 776	0.6%	−1.4%
市$_E$	551	19.5%	169 515	12.4%	−7.1%
市$_F$	111	3.9%	54 591	4.0%	0.1%
市$_G$	243	8.6%	89 686	6.6%	−2.0%
市$_H$	241	8.5%	282 661	20.7%	12.2%
市$_I$	190	6.7%	224 203	16.4%	9.7%
市$_J$	145	5.1%	123 633	9.1%	3.9%
市$_K$	17	0.6%	4 188	0.3%	−0.3%
市$_L$	13	0.5%	6 895	0.5%	0
市$_M$	19	0.7%	10 345	0.8%	0.1%
市$_N$	17	0.6%	2 700	0.2%	−0.4%

（三）偏差法

以线性偏差法说明分析过程。以统计部门猪肉产量为横坐标，以清查养猪场数量为纵坐标绘制散点图，用线性拟合的方式取得线性方程，然后计算每个散点到直线的距离。如利用偏差法分析某区域数据，如表 6-7、图 6-3 所示，市$_B$的距离最大，漏查嫌疑较大。

表 6-7　偏差法匹配清查养猪场数量与猪肉产量

城市代码	清查养猪场数量/家	猪肉产量/万吨	距离/量纲一
市A	2 047	710.37	156
市B	1 172	715.35	381
市C	3 755	875.81	113
市D	4 074	1 000.33	73
市E	3 962	876.04	165
市F	2 123	427.43	137
市G	1 838	530.14	34
市H	2 565	741.62	56
市I	3 249	760.96	97
市J	2 494	760.64	92
市K	3 211	686.99	159
市L	3 448	907.20	6
市M	1 631	557.00	113
市N	2 806	601.26	140
市O	2 350	491.26	132
市P	737	253.92	44
市Q	1 252	471.44	125
市R	547	132.90	25
市S	511	82.71	65
市T	2 129	684.15	110

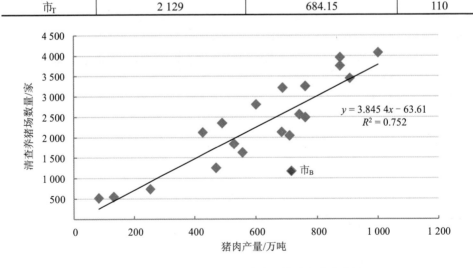

图 6-3　偏差法匹配清查养猪场数量与猪肉产量

（四）象限分析法

以统计部门猪肉产量为横坐标，以清查养猪场数量为纵坐标绘制散点图，如表 6-8 所示，按照象限分析法，所得九宫格如图 6-4 所示，市$_O$、市$_R$、市$_W$位于 β 象限，市$_F$、市$_Y$位于 γ 象限，漏查的嫌疑较大。

表 6-8　象限分析法匹配清查养猪场数量与猪肉产量

城市代码	清查养猪场数量/家	统计部门猪肉产量/万吨
市$_A$	479	21.84
市$_B$	1 537	29.18
市$_C$	7 897	265.41
市$_D$	3 047	57.52
市$_E$	871	72.08
市$_F$	4 637	219.17
市$_G$	3 164	130.56
市$_H$	2 135	138.15
市$_I$	90	13.54
市$_J$	7 059	216.36
市$_K$	2 495	90.73
市$_L$	7 670	244.86
市$_M$	5 961	136
市$_N$	11 517	242.89
市$_O$	8 827	383.53
市$_P$	20 268	450.65
市$_Q$	8 687	322.17
市$_R$	14 758	434.8
市$_S$	14 751	264.38
市$_T$	6 915	249.75
市$_U$	1 022	42.86
市$_V$	1 999	151.31
市$_W$	8 396	494.48
市$_X$	1 699	154.96

城市代码	清查养猪场数量/家	统计部门猪肉产量/万吨
市$_Y$	3 831	283.68
市$_Z$	30	1.54
市$_{AA}$	2 818	90.42
市$_{BB}$	1 230	48.97
市$_{CC}$	76	10.51
市$_{DD}$	337	7.47
市$_{EE}$	399	33.9

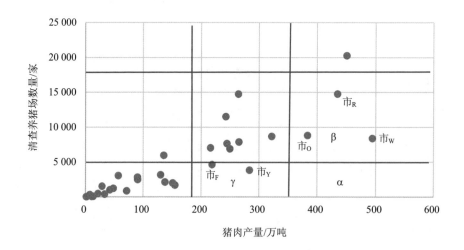

注：图中α、β、γ象限为疑似数据偏少省（自治区、直辖市），α象限最严重，β、γ象限次之。

图 6-4 象限分析法匹配清查养猪场数量与猪肉产量

三、肉牛场总数与肉牛出栏量匹配

（一）排序对比法

计算统计部门肉牛出栏量在全国或全省排名与清查肉牛养殖场数量在全国或

全省排序的差值。差值为负值表示存在漏查嫌疑，值越小表示漏查嫌疑越大。如表 6-9 所示，市$_H$肉牛出栏量排名第 1，而清查肉牛养殖场数量排名第 6，存在漏查嫌疑。

表 6-9 排序对比法匹配清查肉牛养殖场数量与肉牛出栏量

城市代码	清查肉牛养殖场数量/家	排序	肉牛出栏量/头	排序	排序差
市$_A$	90	4	87 944	9	5
市$_B$	91	3	287 177	2	−1
市$_C$	99	2	219 753	4	2
市$_D$	19	10	54 763	10	0
市$_E$	207	1	145 314	6	5
市$_F$	39	8	149 199	5	−3
市$_G$	54	5	111 137	8	3
市$_H$	51	6	293 643	1	−5
市$_I$	47	7	251 559	3	−4
市$_J$	17	11	119 434	7	−4
市$_K$	8	12	10 936	12	0
市$_L$	1	14	10 549	13	−1
市$_M$	38	9	34 110	11	2
市$_N$	7	13	6 934	14	1

（二）占比对比法

计算统计部门肉牛出栏量在全国或全省占比与清查肉牛养殖场数量在全国或全省占比的差值。差值为正表示存在漏查嫌疑，值越大表示漏查嫌疑越大。如表 6-10 所示，市$_H$肉牛出栏量占比为 16.5%，而清查肉牛养殖场数量占比为 6.6%；市$_I$肉牛出栏量占比为 14.1%，而清查肉牛养殖场数量占比为 6.1%，均存在漏查嫌疑。

表 6-10　占比对比法匹配清查肉牛养殖场数量占比与肉牛出栏量占比

城市代码	清查肉牛养殖场数量/家	占比	肉牛出栏量/头	占比	占比差
市$_A$	90	11.7%	87 944	4.9%	−6.8%
市$_B$	91	11.8%	287 177	16.1%	4.3%
市$_C$	99	12.9%	219 753	12.3%	−0.6%
市$_D$	19	2.5%	54 763	3.1%	0.6%
市$_E$	207	27.0%	145 314	8.2%	−18.8%
市$_F$	39	5.1%	149 199	8.4%	3.3%
市$_G$	54	7.0%	111 137	6.2%	−0.8%
市$_H$	51	6.6%	293 643	16.5%	9.8%
市$_I$	47	6.1%	251 559	14.1%	8.0%
市$_J$	17	2.2%	119 434	6.7%	4.5%
市$_K$	8	1.0%	10 936	0.6%	−0.4%
市$_L$	1	0.1%	10 549	0.6%	0.5%
市$_M$	38	4.9%	34 110	1.9%	−3.0%
市$_N$	7	0.9%	6 934	0.4%	−0.5%

（三）偏差法

以线性偏差法说明分析过程。以统计部门肉牛出栏量为横坐标，以清查肉牛养殖场数量为纵坐标绘制散点图，用线性拟合的方式取得线性方程，然后计算每个散点到直线的距离。如利用偏差法分析某区域数据，如表 6-11、图 6-5 所示，市$_A$ 的距离最大，疑似存在漏查漏报问题。

表 6-11　偏差法匹配清查肉牛养殖场数量与肉牛出栏量

城市代码	清查肉牛养殖场数量/家	肉牛出栏量/万头	距离/量纲一
市$_A$	3 571	818.9	370
市$_B$	3 914	660	99
市$_C$	5 809	1 063	204
市$_D$	2 565	127.1	85

城市代码	清查肉牛养殖场数量/家	肉牛出栏量/万头	距离/量纲一
市$_E$	3 136	243.4	11
市$_F$	3 667	298.3	150
市$_G$	4 591	617.8	183
市$_H$	3 161	261.4	3
市$_I$	3 412	359.5	2

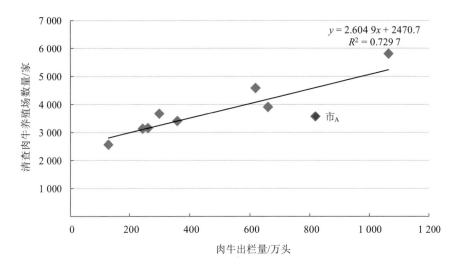

图 6-5　偏差法匹配清查肉牛养殖场数量与肉牛出栏量

（四）象限分析法

以统计部门肉牛出栏量为横坐标，以清查肉牛养殖场数量为纵坐标绘制散点图，如表 6-12 所示，按照象限分析法，所得九宫格如图 6-6 所示，市$_E$、市$_H$ 位于 β 象限，市$_N$、市$_T$、市$_Z$ 位于 γ 象限，漏查的嫌疑较大。

表6-12 象限分析法匹配清查肉牛养殖场数量与肉牛出栏量

城市代码	清查肉牛养殖场数量/家	统计部门肉牛出栏量/万头
市$_A$	94	7.4
市$_B$	497	20.1
市$_C$	2 221	331.9
市$_D$	1 262	40.3
市$_E$	1 455	339.7
市$_F$	2 350	272.3
市$_G$	1 726	306.4
市$_H$	1 083	274.3
市$_I$	0	0.1
市$_J$	311	17
市$_K$	50	8.8
市$_L$	979	114.6
市$_M$	92	30.2
市$_N$	581	143.3
市$_O$	1 834	445.5
市$_P$	2 407	550.2
市$_Q$	1 084	160.3
市$_R$	959	172.7
市$_S$	188	59.1
市$_T$	323	149.8
市$_U$	72	26.8
市$_V$	454	70.4
市$_W$	1 678	305.2
市$_X$	842	140.7
市$_Y$	1 826	300.4
市$_Z$	552	125.9
市$_{AA}$	767	55.5
市$_{BB}$	1 194	189.4
市$_{CC}$	721	125.2
市$_{DD}$	755	68.2
市$_{EE}$	1 024	258.1

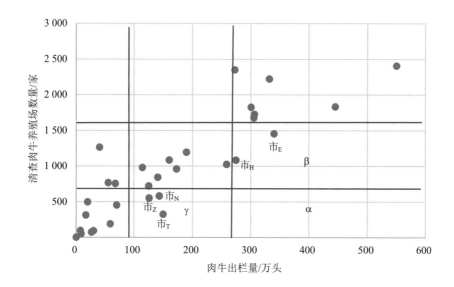

注：图中 α、β、γ 象限为疑似数据偏少省（自治区、直辖市），α 象限最严重，β、γ 象限次之。

图 6-6　象限分析法匹配清查肉牛养殖场数量与肉牛出栏量

四、肉牛场总数与牛肉产量匹配

（一）排序对比法

计算统计部门牛肉产量在全国或全省排名与清查肉牛养殖场数量在全国或全省排序的差值。差值为负值表示存在漏查嫌疑，值越小表示漏查嫌疑越大。如表 6-13 所示，市$_H$牛肉产量排名第 2，而清查肉牛养殖场数量排名第 6；市$_J$牛肉产量排名第 7，而清查肉牛养殖场数量排名第 11，两市均存在漏查嫌疑。

表6-13　排序对比法匹配清查肉牛养殖场数量与牛肉产量

城市代码	清查肉牛养殖场数量/家	排序	牛肉产量/吨	排序	排序差
市$_A$	90	4	13 786	4	0
市$_B$	91	3	35 078	1	−2
市$_C$	99	2	14 730	3	1
市$_D$	19	10	5 561	9	−1
市$_E$	207	1	12 123	6	5
市$_F$	39	8	7 120	8	0
市$_G$	54	5	4 286.5	10	5
市$_H$	51	6	15 398	2	−4
市$_I$	47	7	12 137	5	−2
市$_J$	17	11	9 407	7	−4
市$_K$	8	12	477	13	1
市$_L$	1	14	745	12	−2
市$_M$	38	9	1 336.5	11	2
市$_N$	7	13	313	14	1

（二）占比对比法

计算统计部门牛肉产量在全国或全省占比与清查肉牛养殖场数量在全国或全省占比的差值。差值为正表示存在漏查嫌疑，值越大表示漏查嫌疑越大。如表6-14所示，市$_B$牛肉产量占比为26.5%，而清查肉牛养殖场数量占比为11.8%，存在漏查嫌疑。

表6-14　占比对比法匹配清查肉牛养殖场数量占比与牛肉产量占比

城市代码	清查肉牛养殖场数量/家	占比	牛肉产量/吨	占比	占比差
市$_A$	90	11.7%	13 786	10.4%	−1.3%
市$_B$	91	11.8%	35 078	26.5%	14.6%
市$_C$	99	12.9%	14 730	11.1%	−1.8%

城市代码	清查肉牛养殖场数量/家	占比	牛肉产量/吨	占比	占比差
市$_D$	19	2.5%	5 561	4.2%	1.7%
市$_E$	207	27.0%	12 123	9.1%	−17.8%
市$_F$	39	5.1%	7 120	5.4%	0.3%
市$_G$	54	7.0%	4 286.5	3.2%	−3.8%
市$_H$	51	6.6%	15 398	11.6%	5.0%
市$_I$	47	6.1%	12 137	9.2%	3.0%
市$_J$	17	2.2%	9 407	7.1%	4.9%
市$_K$	8	1.0%	477	0.4%	−0.7%
市$_L$	1	0.1%	745	0.6%	0.4%
市$_M$	38	4.9%	1 336.5	1.0%	−3.9%
市$_N$	7	0.9%	313	0.2%	−0.7%

（三）偏差法

以线性偏差法说明分析过程。以统计部门牛肉产量为横坐标，以清查肉牛养殖场数量为纵坐标绘制散点图，用线性拟合的方式取得线性方程，然后计算每个散点到直线的距离。如利用偏差法分析某区域数据，如表 6-15、图 6-7 所示，市$_C$的距离最大，存在漏查嫌疑。

表 6-15　偏差法匹配清查肉牛养殖场数量与牛肉产量

城市代码	清查肉牛养殖场数量/家	牛肉产量/吨	距离/量纲一
市$_A$	2 732	6 295	568
市$_B$	833	1 659	183
市$_C$	2 799	2 562	1 168
市$_D$	2 546	4 408	113
市$_E$	663	1 327	185
市$_F$	464	1 083	254
市$_G$	7 023	13 332	106
市$_H$	2 821	6 430	549

城市代码	清查肉牛养殖场数量/家	牛肉产量/吨	距离/量纲一
市I	4 165	6 770	499
市J	1 713	3 632	282
市K	2 869	5 002	135

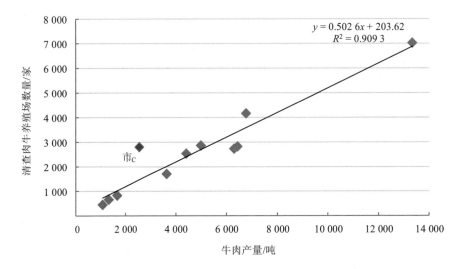

图6-7　偏差法匹配清查肉牛养殖场数量与牛肉产量

（四）象限分析法

以统计部门牛肉产量为横坐标，以清查肉牛养殖场数量为纵坐标绘制散点图，如表6-16所示，按照象限分析法，所得九宫格如图6-8所示，市E、市H、市EE位于β象限，市N、市T、市Z位于γ象限，漏查的嫌疑较大。

表6-16　象限分析法匹配清查肉牛养殖场数量与牛肉产量

城市代码	清查肉牛养殖场数量/家	统计部门牛肉产量/万吨
市A	94	1.36
市B	497	3.45
市C	2 221	54.25

城市代码	清查肉牛养殖场数量/家	统计部门牛肉产量/万吨
市$_D$	1 262	5.92
市$_E$	1 455	55.59
市$_F$	2 350	41.60
市$_G$	1 726	47.10
市$_H$	1 083	42.54
市$_I$	0	0.05
市$_J$	311	3.11
市$_K$	50	1.28
市$_L$	979	16.49
市$_M$	92	3.21
市$_N$	581	14.41
市$_O$	1 834	66.99
市$_P$	2 407	83.01
市$_Q$	1 084	23.17
市$_R$	959	20.40
市$_S$	188	7.07
市$_T$	323	14.71
市$_U$	72	2.60
市$_V$	454	9.17
市$_W$	1 678	36.86
市$_X$	842	17.85
市$_Y$	1 826	35.24
市$_Z$	552	16.18
市$_{AA}$	767	8.03
市$_{BB}$	1 194	20.02
市$_{CC}$	721	12.18
市$_{DD}$	755	10.42
市$_{EE}$	1 024	42.48

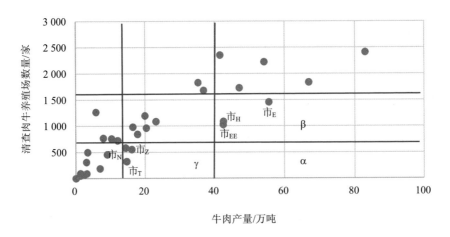

注：图中 α、β、γ 象限为疑似数据偏少省（自治区、直辖市），α 象限最严重，β、γ 象限次之。

图 6-8　象限分析法匹配清查肉牛养殖场数量与牛肉产量

五、蛋鸡场总数与禽蛋产量匹配

（一）排序对比法

计算统计部门禽蛋产量在全国或全省排名与清查蛋鸡养殖场数量在全国或全省排序的差值。差值为负值表示存在漏查嫌疑，值越小表示漏查嫌疑越大。如表 6-17 所示，市$_A$ 禽蛋产量排名第 1，而清查蛋鸡养殖场数量排名第 6，存在漏查嫌疑。

表 6-17 排序对比法匹配清查蛋鸡养殖场数量与禽蛋产量

城市代码	清查蛋鸡养殖场数量/家	排序	禽蛋产量/吨	排序	排序差
市A	332	6	146 273	1	−5
市B	366	5	76 526	5	0
市C	531	3	95 796	3	0
市D	227	7	16 444	10	3
市E	1 245	1	107 172	2	1
市F	92	9	29 964	9	0
市G	409	4	40 061	8	4
市H	112	8	74 659	6	−2
市I	53	10	40 119	7	−3
市J	567	2	77 058	4	2
市K	10	14	2 125	14	0
市L	25	11	3 694	13	2
市M	18	12	6 600	11	−1
市N	11	13	5 010	12	−1

（二）占比对比法

计算统计部门禽蛋产量在全国或全省占比与清查蛋鸡养殖场数量在全国或全省占比的差值。差值为正表示存在漏查嫌疑，值越大表示漏查嫌疑越大。如表 6-18 所示，市A禽蛋产量占比为 20.27%，而清查蛋鸡养殖场数量占比为 8.3%；市H禽蛋产量占比为 10.35%，而清查蛋鸡养殖场数量占比为 2.8%，两市均存在漏查嫌疑。

表 6-18 占比对比法匹配清查蛋鸡养殖场数量占比与禽蛋产量占比

城市代码	清查蛋鸡养殖场数量/家	占比	禽蛋产量/吨	占比	占比差
市A	332	8.3%	146 273	20.27%	11.97%
市B	366	9.2%	76 526	10.61%	1.45%
市C	531	13.3%	95 796	13.28%	0

城市代码	清查蛋鸡养殖场数量/家	占比	禽蛋产量/吨	占比	占比差
市$_D$	227	5.7%	16 444	2.28%	−3.40%
市$_E$	1 245	31.1%	107 172	14.85%	−16.29%
市$_F$	92	2.3%	29 964	4.15%	1.85%
市$_G$	409	10.2%	40 061	5.55%	−4.68%
市$_H$	112	2.8%	74 659	10.35%	7.55%
市$_I$	53	1.3%	40 119	5.56%	4.23%
市$_J$	567	14.2%	77 058	10.68%	−3.50%
市$_K$	10	0.3%	2 125	0.29%	0.04%
市$_L$	25	0.6%	3 694	0.51%	−0.11%
市$_M$	18	0.5%	6 600	0.91%	0.46%
市$_N$	11	0.3%	5 010	0.69%	0.42%

（三）偏差法

以线性偏差法说明分析过程。以统计部门禽蛋产量为横坐标，以清查蛋鸡养殖场数量为纵坐标绘制散点图，用线性拟合的方式取得线性方程，然后计算每个散点到直线的距离。如利用偏差法分析某区域数据，如表6-19、图6-9所示，市$_C$的距离最大，存在漏查嫌疑。

表6-19　偏差法匹配清查蛋鸡养殖场数量与禽蛋产量

城市代码	清查蛋鸡养殖场数量/家	禽蛋产量/吨	距离/量纲一
市$_A$	4 502	10 746	7
市$_B$	1 855	3 652	217
市$_C$	726	2 850	528
市$_D$	1 195	2 797	74
市$_E$	1 412	2 161	366
市$_F$	1 011	1 951	73
市$_G$	796	1 607	3

城市代码	清查蛋鸡养殖场数量/家	禽蛋产量/吨	距离/量纲一
市$_H$	533	1 225	97
市$_I$	457	716	23
市$_J$	399	699	24
市$_K$	517	611	118
市$_L$	206	488	7
市$_M$	379	480	40

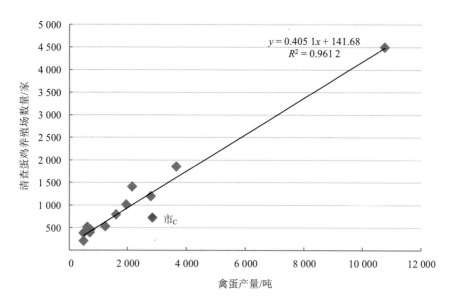

图 6-9　偏差法匹配清查蛋鸡养殖场数量与禽蛋产量

（四）象限分析法

以统计部门禽蛋产量为横坐标，以清查蛋鸡养殖场数量为纵坐标绘制散点图，如表 6-20 所示，按照象限分析法，所得九宫格如图 6-10 所示，市$_H$位于γ象限，漏查的嫌疑较大。

表 6-20　象限分析法匹配清查蛋鸡养殖场数量与禽蛋产量

城市代码	清查蛋鸡养殖场数量/家	统计部门禽蛋产量/万吨
市$_A$	226	18.33
市$_B$	891	20.63
市$_C$	10 124	388.54
市$_D$	6 915	89.05
市$_E$	1 710	58.00
市$_F$	9 463	287.60
市$_G$	3 516	114.44
市$_H$	2 268	106.25
市$_I$	14	3.50
市$_J$	8 705	198.50
市$_K$	628	30.85
市$_L$	3 470	139.55
市$_M$	364	27.85
市$_N$	1 660	51.68
市$_O$	11 193	440.59
市$_P$	17 388	422.50
市$_Q$	8 663	167.77
市$_R$	2 800	104.70
市$_S$	348	33.33
市$_T$	234	23.09
市$_U$	137	4.83
市$_V$	1 212	47.39
市$_W$	2 584	148.12
市$_X$	980	18.30
市$_Y$	3 163	26.44
市$_Z$	37	0.48
市$_{AA}$	3 995	59.32
市$_{BB}$	1 679	15.06
市$_{CC}$	61	2.39
市$_{DD}$	718	9.66
市$_{EE}$	946	36.13

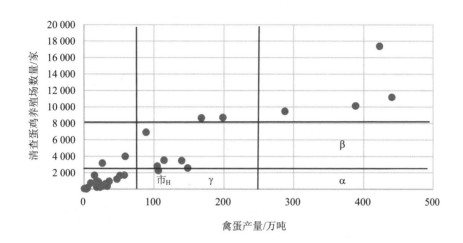

注：图中 α、β、γ 象限为疑似数据偏少省（自治区、直辖市），α 象限最严重，β、γ 象限次之。

图 6-10　象限分析法匹配清查蛋鸡养殖场数量与禽蛋产量

第七章　集中式污染治理设施清查数据审核

一、集中式污水处理厂数量与污水治理设施数量匹配

（一）排序对比法

计算以"三农普"农村生活污水处理率及村数量推算的污水处理设施数量在全国或全省排名与清查集中式污水处理厂数量在全国或全省排序的差值。差值为负值表示存在漏查嫌疑，值越小表示漏查嫌疑越大。如表 7-1 所示，市$_S$"三农普"农村生活污水处理率及村数量推算的污水处理设施数排名第 7，而清查集中式污水处理厂数量排名第 19，存在漏查嫌疑。并且市$_K$、市$_L$、市$_O$、市$_W$的排序差较小，漏查嫌疑较大。

表 7-1　排序对比法匹配清查集中式污水处理厂数量与污水治理设施数量

城市代码	清查集中式污水处理厂总数/家	排序	"三农普"农村生活污水处理率/%	村级行政区数量/个	推算污水处理设施数量/个	排序	排序差
市$_A$	35 741	1	89.80	27 997	25 141	1	0
市$_B$	5 212	2	23.20	19 347	4 489	8	6
市$_C$	5 054	3	36.50	14 428	5 266	5	2
市$_D$	3 032	4	11.80	46 318	5 466	4	0

城市代码	清查集中式污水处理厂总数/家	排序	"三农普"农村生活污水处理率/%	村级行政区数量/个	推算污水处理设施数量/个	排序	排序差
市E	2 582	5	27.20	14 440	3 928	9	4
市F	2 561	6	10.50	14 291	1 501	18	12
市G	2 258	7	14.80	25 448	3 766	10	3
市H	2 206	8	16.30	14 786	2 410	12	4
市I	2 136	9	21.00	8 255	1 734	16	7
市J	2 113	10	60.00	1 605	963	23	13
市K	1 518	11	13.40	73 388	9 834	2	−9
市L	1 499	12	15.20	41 523	6 311	3	−9
市M	1 366	13	12.30	26 608	3 273	11	−2
市N	1 113	14	13.20	16 747	2 217	14	0
市O	1 091	15	10.70	46 938	5 022	6	−9
市P	915	16	42.70	3 937	1 681	17	1
市Q	879	17	9.00	12 035	1 083	20	3
市R	755	18	12.20	17 011	2 075	15	−3
市S	679	19	10.00	48 636	4 864	7	−12
市T	666	20	8.40	11 558	971	22	2
市U	605	21	24.10	3 698	891	24	3
市V	512	22	10.90	2 561	279	29	7
市W	298	23	8.50	28 072	2 386	13	−10
市X	273	24	6.50	15 957	1 037	21	−3
市Y	237	25	13.70	8 774	1 202	19	−6
市Z	220	26	9.90	8 902	881	25	−1
市AA	210	27	15.10	2 274	343	28	1
市BB	202	28	—	11 192	0	30	2
市CC	118	29	10.90	4 157	453	27	−2
市DD	95	30	4.90	9 313	456	26	−4
市EE	21	31	—	5 255	0	31	0

（二）占比对比法

计算以"三农普"农村生活污水处理率及村数量推算的污水处理设施数在全国或全省占比与清查集中式污水处理厂数量在全国或全省占比的差值。差值为正表示存在漏查嫌疑，值越大表示漏查嫌疑越大。如表 7-2 所示，市$_K$以"三农普"农村生活污水处理率及村数量推算的污水处理设施数量占比为 9.8%，而清查集中式污水处理厂数量占比为 2.0%，存在漏查嫌疑。

表 7-2　占比对比法匹配清查集中式污水处理厂数量与污水处理设施数量

城市代码	清查集中式污水处理厂总数/家	占比	"三农普"农村生活污水处理率/%	村级行政区数量/个	推算污水处理设施数量/个	占比	占比差
市$_A$	35 741	46.9%	89.80	27 997	25 141	25.2%	−21.8%
市$_B$	5 212	6.8%	23.20	19 347	4 489	4.5%	−2.4%
市$_C$	5 054	6.6%	36.50	14 428	5 266	5.3%	−1.4%
市$_D$	3 032	4.0%	11.80	46 318	5 466	5.5%	1.5%
市$_E$	2 582	3.4%	27.20	14 440	3 928	3.9%	0.5%
市$_F$	2 561	3.4%	10.50	14 291	1 501	1.5%	−1.9%
市$_G$	2 258	3.0%	14.80	25 448	3 766	3.8%	0.8%
市$_H$	2 206	2.9%	16.30	14 786	2 410	2.4%	−0.5%
市$_I$	2 136	2.8%	21.00	8 255	1 734	1.7%	−1.1%
市$_J$	2 113	2.8%	60.00	1 605	963	1.0%	−1.8%
市$_K$	1 518	2.0%	13.40	73 388	9 834	9.8%	7.8%
市$_L$	1 499	2.0%	15.20	41 523	6 311	6.3%	4.3%
市$_M$	1 366	1.8%	12.30	26 608	3 273	3.3%	1.5%
市$_N$	1 113	1.5%	13.20	16 747	2 217	2.2%	0.8%
市$_O$	1 091	1.4%	10.70	46 938	5 022	5.0%	3.6%
市$_P$	915	1.2%	42.70	3 937	1 681	1.7%	0.5%
市$_Q$	879	1.2%	9.00	12 035	1 083	1.1%	−0.1%
市$_R$	755	1.0%	12.20	17 011	2 075	2.1%	1.1%
市$_S$	679	0.9%	10.00	48 636	4 864	4.9%	4.0%
市$_T$	666	0.9%	8.40	11 558	971	1.0%	0.1%

城市代码	清查集中式污水处理厂总数/家	占比	"三农普"农村生活污水处理率/%	村级行政区数量/个	推算污水处理设施数量/个	占比	占比差
市$_U$	605	0.8%	24.10	3 698	891	0.9%	0.1%
市$_V$	512	0.7%	10.90	2 561	279	0.3%	−0.4%
市$_W$	298	0.4%	8.50	28 072	2 386	2.4%	2.0%
市$_X$	273	0.4%	6.50	15 957	1 037	1.0%	0.7%
市$_Y$	237	0.3%	13.70	8 774	1 202	1.2%	0.9%
市$_Z$	220	0.3%	9.90	8 902	881	0.9%	0.6%
市$_{AA}$	210	0.3%	15.10	2 274	343	0.3%	0.1%
市$_{BB}$	202	0.3%	—	11 192	0	0	−0.3%
市$_{CC}$	118	0.2%	10.90	4 157	453	0.5%	0.3%
市$_{DD}$	95	0.1%	4.90	9 313	456	0.5%	0.3%
市$_{EE}$	21	0	—	5 255	0	0	0

（三）偏差法

以线性偏差法说明分析过程。以"三农普"农村生活污水处理率及村数量推算的污水处理设施数为横坐标，以清查集中式污水处理厂数量为纵坐标绘制散点图，用线性拟合的方式取得线性方程，然后计算每个散点到直线的距离。如表 7-3、图 7-1 所示，市$_H$ 的距离最大，漏查的嫌疑最大。

表 7-3　偏差法匹配清查集中式污水处理厂数量与污水处理设施数量

城市代码	清查集中式污水处理厂总数/家	村行政区数量/个	"三农普"农村污水处理率/%	推算污水处理设施数量/个	距离/量纲一
市$_A$	106	2 629	12.6	331	4
市$_B$	224	3 024	22.7	686	12
市$_C$	89	2 359	15.0	354	19
市$_D$	30	428	12.0	51	14
市$_E$	47	1 915	11.6	222	20
市$_F$	35	2 045	7.7	157	13
市$_G$	21	2 440	5.9	144	22

城市代码	清查集中式污水 处理厂总数/家	村行政区 数量/个	"三农普"农村 污水处理率/%	推算污水处理 设施数量/个	距离/ 量纲一
市$_H$	111	2 210	9.5	210	45
市$_I$	185	1 981	28.4	563	12
市$_J$	100	681	58.7	400	22
市$_K$	24	78	22.8	18	18
市$_L$	19	323	12.6	41	7
市$_M$	30	166	89.3	148	15
市$_N$	14	331	12.0	40	2
市$_O$	1	207	8.3	17	4

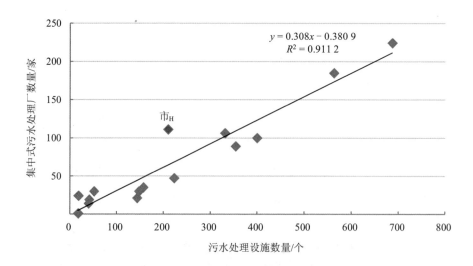

图 7-1　偏差法匹配清查集中式污水处理厂数量与污水处理设施数量

（四）象限分析法

以"三农普"农村生活污水处理率及村数量推算的污水处理设施数为横坐标，以清查集中式污水处理厂数量为纵坐标绘制散点图，如表 7-4 所示，按照象限分析法，所得九宫格如图 7-2 所示，市$_K$、市$_L$ 位于 γ 象限，漏查的嫌疑较大。

表 7-4　象限分析法匹配清查集中式污水处理厂数量与污水处理设施数量

城市代码	清查集中式污水处理厂总数/家	"三农普"农村生活污水处理率/%	村级行政区数量/个	推算污水处理设施数量/个
市$_A$	35 741	89.8	27 997	25 141
市$_B$	5 212	23.2	19 347	4 489
市$_C$	5 054	36.5	14 428	5 266
市$_D$	3 032	11.8	46 318	5 466
市$_E$	2 582	27.2	14 440	3 928
市$_F$	2 561	10.5	14 291	1 501
市$_G$	2 258	14.8	25 448	3 766
市$_H$	2 206	16.3	14 786	2 410
市$_I$	2 136	21.0	8 255	1 734
市$_J$	2 113	60.0	1 605	963
市$_K$	1 518	13.4	73 388	9 834
市$_L$	1 499	15.2	41 523	6 311
市$_M$	1 366	12.3	26 608	3 273
市$_N$	1 113	13.2	16 747	2 217
市$_O$	1 091	10.7	46 938	5 022
市$_P$	915	42.7	3 937	1 681
市$_Q$	879	9.0	12 035	1 083
市$_R$	755	12.2	17 011	2 075
市$_S$	679	10.0	48 636	4 864
市$_T$	666	8.4	11 558	971
市$_U$	605	24.1	3 698	891
市$_V$	512	10.9	2 561	279
市$_W$	298	8.5	28 072	2 386
市$_X$	273	6.5	15 957	1 037
市$_Y$	237	13.7	8 774	1 202
市$_Z$	220	9.9	8 902	881
市$_{AA}$	210	15.1	2 274	343
市$_{BB}$	202	—	11 192	0
市$_{CC}$	118	10.9	4 157	453
市$_{DD}$	95	4.9	9 313	456
市$_{EE}$	21	—	5 255	0

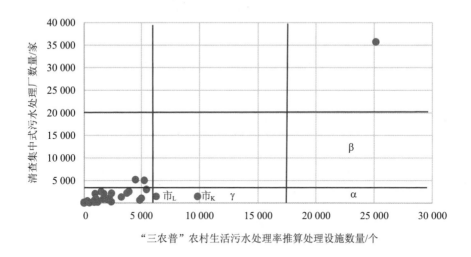

注：图中α、β、γ象限为疑似数据偏少省（自治区、直辖市），α象限最严重，β、γ象限次之。

图 7-2　象限分析法匹配清查集中式污水处理厂数量与"三农普"农村生活污水处理率推算处理设施数量

二、垃圾处理厂数量与垃圾处理设施数量匹配

（一）排序对比法

计算以"三农普"农村生活垃圾处理率及由村数量推算的垃圾处理设施数量在全国或全省排名与清查集中式生活垃圾处理厂数量在全国或全省排序的差值。差值为负值表示存在漏查嫌疑，值越小表示漏查嫌疑越大。如表 7-5 所示，市$_Z$"三农普"农村生活垃圾处理率及村数量推算的垃圾处理设施数量排名第 14，而清查集中式生活垃圾处理厂数量排名第 26；市$_P$"三农普"农村生活垃圾处理率及村数量推算的垃圾处理设施数量排名第 6，而清查集中式生活垃圾处理厂数量排名第 16，两市均存在漏查嫌疑。

表7-5　排序对比法匹配清查集中式垃圾处理厂数量与垃圾处理设施数量

城市代码	清查集中式生活垃圾处理厂数量/家	排序	村级行政区数量/个	"三农普"农村生活垃圾处理率/%	推算处理设施数量/个	排序	排序差
市A	593	1	46 318	71.4	33 071	3	2
市B	405	2	41 523	72.1	29 938	4	2
市C	358	3	26 608	59.0	15 699	10	7
市D	292	4	14 291	83.9	11 990	12	8
市E	224	5	19 347	90.3	17 470	9	4
市F	210	6	46 938	54.7	25 675	7	1
市G	199	7	25 448	77.2	19 646	8	1
市H	169	8	14 786	83.9	12 405	11	3
市I	166	9	73 388	99.3	72 874	1	−8
市J	158	10	48 636	68.8	33 462	2	−8
市K	155	11	2 274	57.9	1 317	30	19
市L	154	12	12 035	45.3	5 452	23	11
市M	145	13	27 997	98.9	27 689	5	−8
市N	142	14	14 428	47.8	6 897	18	4
市O	139	15	4 157	63.9	2 656	27	12
市P	133	16	28 072	92.0	25 826	6	−10
市Q	128	17	11 192	76.0	8 506	15	−2
市R	127	18	17 011	43.4	7 383	17	−1
市S	126	19	11 558	92.5	10 691	13	−6
市T	121	20	15 957	34.7	5 537	22	2
市U	117	21	14 440	45.3	6 541	20	−1
市V	116	22	8 902	47.0	4 184	25	3
市W	114	23	16 747	40.9	6 850	19	−4
市X	107	24	8 774	63.3	5 554	21	−3
市Y	106	25	5 255	99.3	5 218	24	−1
市Z	58	26	9 313	99.3	9 248	14	−12
市AA	57	27	8 255	93.5	7 718	16	−11
市BB	39	28	3 937	97.5	3 839	26	−2
市CC	31	29	1 605	71.4	1 146	31	2
市DD	19	30	2 561	72.1	1 846	29	−1
市EE	17	31	3 698	59.0	2 182	28	−3

（二）占比对比法

计算以"三农普"农村生活垃圾处理率及村数量推算的垃圾处理设施数量在全国或全省占比与清查集中式农村生活垃圾处理厂数量在全国或全省占比的差值。差值为正表示存在漏查嫌疑，值越大表示漏查嫌疑越大。如表 7-6 所示，市$_I$"三农普"农村生活垃圾处理率及村数量推算的垃圾处理设施数量占比为 17.0%，而清查集中式农村生活垃圾处理厂数量占比为 3.4%，存在漏查嫌疑。

表 7-6　占比对比法匹配清查集中式垃圾处理厂数量与垃圾处理设施数量

城市代码	清查集中式生活垃圾处理厂总数/家	占比	村级行政区数量/个	"三农普"农村生活垃圾处理率/%	推算处理设施数量/个	占比	占比差
市$_A$	593	12.0%	46 318	71.4	33 071	7.7%	−4.3%
市$_B$	405	8.2%	41 523	72.1	29 938	7.0%	−1.2%
市$_C$	358	7.3%	26 608	59.0	15 699	3.7%	−3.6%
市$_D$	292	5.9%	14 291	83.9	11 990	2.8%	−3.1%
市$_E$	224	4.5%	19 347	90.3	17 470	4.1%	−0.5%
市$_F$	210	4.3%	46 938	54.7	25 675	6.0%	1.7%
市$_G$	199	4.0%	25 448	77.2	19 646	4.6%	0.5%
市$_H$	169	3.4%	14 786	83.9	12 405	2.9%	−0.5%
市$_I$	166	3.4%	73 388	99.3	72 874	17.0%	13.6%
市$_J$	158	3.2%	48 636	68.8	33 462	7.8%	4.6%
市$_K$	155	3.1%	2 274	57.9	1 317	0.3%	−2.8%
市$_L$	154	3.1%	12 035	45.3	5 452	1.3%	−1.9%
市$_M$	145	2.9%	27 997	98.9	27 689	6.5%	3.5%
市$_N$	142	2.9%	14 428	47.8	6 897	1.6%	−1.3%
市$_O$	139	2.8%	4 157	63.9	2 656	0.6%	−2.2%
市$_P$	133	2.7%	28 072	92.0	25 826	6.0%	3.3%
市$_Q$	128	2.6%	11 192	76.0	8 506	2.0%	−0.6%
市$_R$	127	2.6%	17 011	43.4	7 383	1.7%	−0.9%
市$_S$	126	2.6%	11 558	92.5	10 691	2.5%	−0.1%
市$_T$	121	2.5%	15 957	34.7	5 537	1.3%	−1.2%

城市代码	清查集中式生活垃圾处理厂总数/家	占比	村级行政区数量/个	"三农普"农村生活垃圾处理率/%	推算处理设施数量/个	占比	占比差
市$_U$	117	2.4%	14 440	45.3	6 541	1.5%	−0.8%
市$_V$	116	2.4%	8 902	47.0	4 184	1.0%	−1.4%
市$_W$	114	2.3%	16 747	40.9	6 850	1.6%	−0.7%
市$_X$	107	2.2%	8 774	63.3	5 554	1.3%	−0.9%
市$_Y$	106	2.2%	5 255	99.3	5 218	1.2%	−0.9%
市$_Z$	58	1.2%	9 313	99.3	9 248	2.2%	1.0%
市$_{AA}$	57	1.2%	8 255	93.5	7 718	1.8%	0.6%
市$_{BB}$	39	0.8%	3 937	97.5	3 839	0.9%	0.1%
市$_{CC}$	31	0.6%	1 605	71.4	1 146	0.3%	−0.4%
市$_{DD}$	19	0.4%	2 561	72.1	1 846	0.4%	0
市$_{EE}$	17	0.3%	3 698	59.0	2 182	0.5%	0.2%

（三）偏差法

以线性偏差法说明分析过程。以"三农普"农村生活垃圾处理率及由村数量推算的垃圾处理设施数量为横坐标，以清查集中式农村生活垃圾处理厂数量为纵坐标绘制散点图，用线性拟合的方式取得线性方程，然后计算每个散点到直线的距离。如表 7-7、图 7-3 所示，市$_F$ 的距离值最大，漏查嫌疑最大。

表 7-7　偏差法匹配清查集中式垃圾处理厂数量与垃圾处理设施数量

城市代码	清查集中式生活垃圾处理厂总数/家	村行政区数量/个	"三农普"农村生活垃圾处理率/%	推算生活垃圾处理设施数量/个	距离/量纲一
市$_A$	34	2 329	67.2	1 565	4
市$_B$	29	1 824	71.9	1 311	3
市$_C$	41	2 359	79.8	1 882	5
市$_D$	8	428	49.8	213	2
市$_E$	27	1 906	68.5	1 306	5
市$_F$	32	1 845	40.5	747	13
市$_G$	32	2 440	57.5	1 403	2

城市代码	清查集中式生活垃圾处理厂总数/家	村行政区数量/个	"三农普"农村生活垃圾处理率/%	推算生活垃圾处理设施数量/个	距离/量纲一
市$_H$	44	2 710	60.3	1 634	4
市$_I$	39	1 651	82	1 354	6
市$_J$	29	1 481	61.96	918	6
市$_K$	1	78	100	78	2
市$_L$	4	323	87.2	282	4
市$_M$	1	166	97.31	162	4
市$_N$	3	331	51.4	170	4
市$_O$	0	207	16.9	35	2

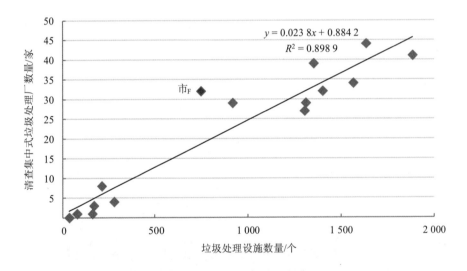

图 7-3 偏差法匹配清查集中式垃圾处理厂数量与垃圾处理设施数量

（四）象限分析法

以"三农普"农村生活垃圾处理率推算的垃圾处理设施数量为横坐标，以清查生活垃圾处理厂数量为纵坐标绘制散点图，如表 7-8 所示，按照象限分析法，所得九宫格如图 7-4 所示，市$_I$位于α象限，市$_F$、市$_G$、市$_J$、市$_M$、市$_P$位于γ象限，漏查的嫌疑均较大。

表 7-8　象限分析法匹配清查集中式垃圾处理厂数量与"三农普"

农村生活垃圾处理率推算的垃圾处理设施数量

城市代码	清查集中式生活垃圾 处理厂总数/家	村级行政区 数量/个	"三农普"农村生活 垃圾处理率/%	推算处理 设施数量/个
市$_A$	593	46 318	71.4	33 071
市$_B$	405	41 523	72.1	29 938
市$_C$	358	26 608	59.0	15 699
市$_D$	292	14 291	83.9	11 990
市$_E$	224	19 347	90.3	17 470
市$_F$	210	46 938	54.7	25 675
市$_G$	199	25 448	77.2	19 646
市$_H$	169	14 786	83.9	12 405
市$_I$	166	73 388	99.3	72 874
市$_J$	158	48 636	68.8	33 462
市$_K$	155	2 274	57.9	1 317
市$_L$	154	12 035	45.3	5 452
市$_M$	145	27 997	98.9	27 689
市$_N$	142	14 428	47.8	6 897
市$_O$	139	4 157	63.9	2 656
市$_P$	133	28 072	92.0	25 826
市$_Q$	128	11 192	76.0	8 506
市$_R$	127	17 011	43.4	7 383
市$_S$	126	11 558	92.5	10 691
市$_T$	121	15 957	34.7	5 537
市$_U$	117	14 440	45.3	6 541
市$_V$	116	8 902	47.0	4 184
市$_W$	114	16 747	40.9	6 850
市$_X$	107	8 774	63.3	5 554
市$_Y$	106	5 255	99.3	5 218
市$_Z$	58	9 313	99.3	9 248

城市代码	清查集中式生活垃圾处理厂总数/家	村级行政区数量/个	"三农普"农村生活垃圾处理率/%	推算处理设施数量/个
市AA	57	8 255	93.5	7 718
市BB	39	3 937	97.5	3 839
市CC	31	1 605	71.4	1 146
市DD	19	2 561	72.1	1 846
市EE	17	3 698	59.0	2 182

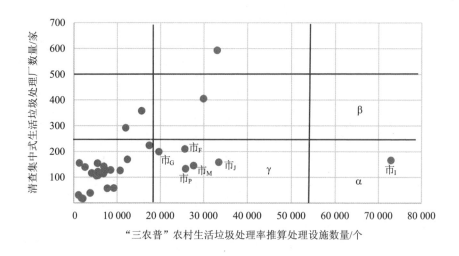

注：图中α、β、γ象限为疑似数据偏少省（自治区、直辖市），α象限最严重，β、γ象限次之。

图7-4　象限分析法匹配清查集中式垃圾处理厂数量与"三农普"农村生活垃圾处理率
推算的垃圾处理设施数量

第八章　生活源锅炉清查数据审核

一、生活源锅炉总数与人口匹配

（一）排序对比法

计算供暖区统计部门人口在全国或全省排名与清查生活源锅炉数量在全国或全省排序的差值。差值为负值表示存在漏查嫌疑，值越小表示漏查嫌疑越大。如表 8-1 所示，市$_K$供暖区人口排名第 1，而清查生活源锅炉数量排名第 11；市$_L$供暖区人口排名第 2，而清查生活源锅炉数量排名第 12，两市均存在漏查嫌疑。

表 8-1　排序对比法匹配供暖区清查生活源锅炉数量与人口

城市代码	清查生活源锅炉数量/台	排序	人口/万人	排序	排序差
市$_A$	10 738	1	2 173	11	10
市$_B$	7 830	2	3 813	5	3
市$_C$	6 289	3	7 470	3	0
市$_D$	6 211	4	3 682	7	3
市$_E$	6 080	5	3 799	6	1
市$_F$	5 046	6	4 378	4	−2
市$_G$	4 408	7	593	14	7

城市代码	清查生活源锅炉数量/台	排序	人口/万人	排序	排序差
市$_H$	4 288	8	2 520	10	2
市$_I$	3 846	9	2 610	9	0
市$_J$	3 623	10	2 733	8	−2
市$_K$	2 828	11	9 947	1	−10
市$_L$	2 155	12	9 532	2	−10
市$_M$	1 952	13	1 562	12	−1
市$_N$	1 284	14	675	13	−1
市$_O$	307	15	331	15	0

　　计算非供暖区统计部门人口在全国或全省排名与清查生活源锅炉数量在全国或全省排序的差值。差值为负值表示存在漏查嫌疑，值越小漏查嫌疑越大。如表8-2 所示，市$_G$非供暖区人口排名第 1，而清查生活源锅炉数量排名第 7；市$_N$非供暖区人口排名第 9，而清查生活源锅炉数量排名第 14；市$_O$非供暖区人口排名第 8，而清查生活源锅炉数量排名第 15，三市均存在漏查嫌疑。

表 8-2　排序对比法匹配非供暖区清查生活源锅炉数量与人口

城市代码	清查生活源锅炉数量/台	排序	人口/万人	排序	排序差
市$_A$	2 086	1	2 420	14	13
市$_B$	2 024	2	7 999	3	1
市$_C$	1 850	3	8 262	2	−1
市$_D$	1 751	4	5 590	7	3
市$_E$	1 406	5	6 822	4	−1
市$_F$	1 285	6	5 885	6	0
市$_G$	1 081	7	10 999	1	−6
市$_H$	939	8	6 196	5	−3
市$_I$	788	9	3 874	11	2
市$_J$	724	10	3 048	13	3
市$_K$	588	11	3 555	12	1

城市代码	清查生活源锅炉数量/台	排序	人口/万人	排序	排序差
市$_L$	451	12	4 592	10	−2
市$_M$	443	13	917	15	2
市$_N$	389	14	4 771	9	−5
市$_O$	233	15	4 838	8	−7

（二）占比对比法

计算统计部门供暖区人口在全国或全省占比与清查生活源锅炉数量在全国或全省占比的差值。差值为正表示存在漏查嫌疑，值越大表示漏查嫌疑越大。如表 8-3 所示，市$_K$ 供暖区人口占比为 17.8%，而清查生活源锅炉数量占比为 4.2%；市$_L$ 供暖区人口占比为 17.1%，而清查生活源锅炉数量占比为 3.2%，两市均存在漏查嫌疑。

表 8-3　占比对比法匹配供暖区清查生活源锅炉数量占比与人口占比

城市代码	清查生活源锅炉数量/台	占比	人口/万人	占比	占比差
市$_A$	10 738	16.1%	2 173	3.9%	−12.2%
市$_B$	7 830	11.7%	3 813	6.8%	−4.9%
市$_C$	6 289	9.4%	7 470	13.4%	4.0%
市$_D$	6 211	9.3%	3 682	6.6%	−2.7%
市$_E$	6 080	9.1%	3 799	6.8%	−2.3%
市$_F$	5 046	7.5%	4 378	7.8%	0.3%
市$_G$	4 408	6.6%	593	1.1%	−5.5%
市$_H$	4 288	6.4%	2 520	4.5%	−1.9%
市$_I$	3 846	5.8%	2 610	4.7%	−1.1%
市$_J$	3 623	5.4%	2 733	4.9%	−0.5%
市$_K$	2 828	4.2%	9 947	17.8%	13.6%
市$_L$	2 155	3.2%	9 532	17.1%	13.9%
市$_M$	1 952	2.9%	1 562	2.8%	−0.1%
市$_N$	1 284	1.9%	675	1.2%	−0.7%
市$_O$	307	0.5%	331	0.6%	0.1%

计算非供暖区统计部门人口在全国或全省占比与清查生活源锅炉数量在全国或全省占比的差值。差值为正表示存在漏查嫌疑，值越大表示漏查嫌疑越大。如表 8-4 所示，市$_G$ 非供暖区人口占比为 13.8%，而清查生活源锅炉数量占比为 6.7%，存在漏查嫌疑。

表 8-4　占比对比法匹配非供暖区清查生活源锅炉数量占比与人口占比

城市代码	清查生活源锅炉数量/台	占比	人口/万人	占比	占比差
市$_A$	2 086	13.0%	2 420	3.0%	−10.0%
市$_B$	2 024	12.6%	7 999	10.0%	−2.6%
市$_C$	1 850	11.5%	8 262	10.4%	−1.2%
市$_D$	1 751	10.9%	5 590	7.0%	−3.9%
市$_E$	1 406	8.8%	6 822	8.6%	−0.2%
市$_F$	1 285	8.0%	5 885	7.4%	−0.6%
市$_G$	1 081	6.7%	10 999	13.8%	7.0%
市$_H$	939	5.9%	6 196	7.8%	1.9%
市$_I$	788	4.9%	3 874	4.9%	−0.1%
市$_J$	724	4.5%	3 048	3.8%	−0.7%
市$_K$	588	3.7%	3 555	4.5%	0.8%
市$_L$	451	2.8%	4 592	5.8%	2.9%
市$_M$	443	2.8%	917	1.1%	−1.6%
市$_N$	389	2.4%	4 771	6.0%	3.6%
市$_O$	233	1.5%	4 838	6.1%	4.6%

（三）偏差法

以线性偏差法说明分析过程。以供暖区统计部门人口为横坐标，以供暖区清查生活源锅炉数量为纵坐标绘制散点图，用线性拟合的方式取得线性方程，然后计算每个散点到直线的距离。如表 8-5、图 8-1 所示，市$_H$ 的距离值最大，漏查嫌疑最大。

表 8-5 偏差法匹配供暖区清查生活源锅炉数量与人口

城市代码	清查生活源锅炉数量/台	人口/万人	距离/量纲一
市$_A$	2 935	787.4	79
市$_B$	1 813	410.5	80
市$_C$	1 007	78.5	23
市$_D$	1 264	228.3	83
市$_E$	2 602	540.0	49
市$_F$	1 022	81.8	21
市$_G$	2 437	584.7	46
市$_H$	2 717	256.2	355
市$_I$	688	30.1	79
市$_J$	1 696	240.8	43
市$_K$	672	34.7	89
市$_L$	2 434	482.8	50
市$_M$	1 399	168.2	17
市$_N$	1 101	80.3	5
市$_O$	1 574	265.3	19

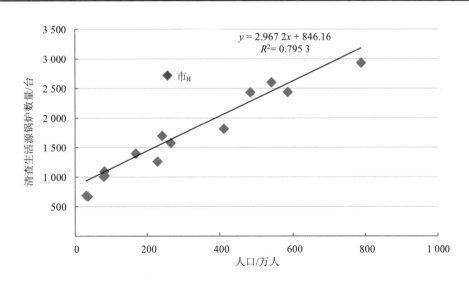

图 8-1 偏差法匹配供暖区清查生活源锅炉数量与人口

以线性偏差法说明分析过程。以非供暖区统计部门人口为横坐标，以非供暖区清查生活源锅炉数量为纵坐标绘制散点图，用线性拟合的方式取得线性方程，然后计算每个散点到直线的距离。如表 8-6、图 8-2 所示，市$_G$ 距离值最大，漏查嫌疑最大。

表 8-6 偏差法匹配非供暖区清查生活源锅炉数量与人口

城市代码	清查生活源锅炉数量/台	人口/万人	距离/量纲一
市$_A$	1 799	862.9	0
市$_B$	865	378.1	7
市$_C$	754	443.0	116
市$_D$	437	92.5	46
市$_E$	958	538.3	105
市$_F$	918	226.3	152
市$_G$	1 321	268.2	303
市$_H$	29	20.6	81
市$_I$	160	98.8	89
市$_J$	65	40.2	81
市$_K$	291	47.1	18
市$_L$	227	25.0	8
市$_M$	576	231.0	12
市$_N$	1 012	429.0	17
市$_O$	112	35.0	55

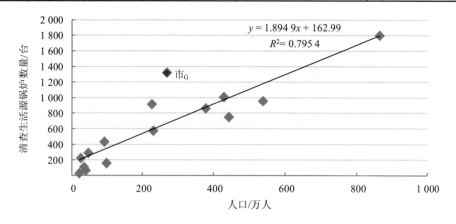

图 8-2 偏差法匹配非供暖区清查生活源锅炉数量与人口

（四）象限分析法

以供暖区统计部门人口为横坐标，以供暖区清查生活源锅炉数量为纵坐标绘制散点图，如表 8-7 所示，按照象限分析法，所得九宫格如图 8-3 所示，市$_K$、市$_L$位于 α 象限，两市漏查的嫌疑较大。

表 8-7　象限分析法匹配供暖区清查生活源锅炉数量与人口

城市代码	清查生活源锅炉数量/台	人口/万人
市$_A$	10 738	2 173
市$_B$	7 830	3 813
市$_C$	6 289	7 470
市$_D$	6 211	3 682
市$_E$	6 080	3 799
市$_F$	5 046	4 378
市$_G$	4 408	593
市$_H$	4 288	2 520
市$_I$	3 846	2 610
市$_J$	3 623	2 733
市$_K$	2 828	9 947
市$_L$	2 155	9 532
市$_M$	1 952	1 562
市$_N$	1 284	675
市$_O$	307	331

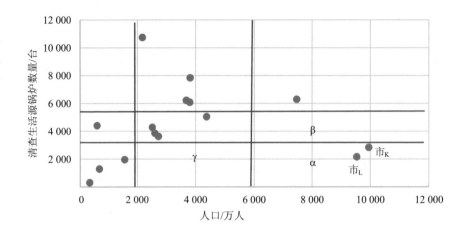

注：图中α、β、γ象限为疑似数据偏少省（自治区、直辖市），α象限最严重，β、γ象限次之。

图 8-3　象限分析法匹配供暖区清查生活源锅炉数量与人口

以非供暖区统计部门人口为横坐标，以非供暖区清查生活源锅炉数量为纵坐标绘制散点图，如表 8-8 所示，按照象限分析法，所得九宫格如图 8-4 所示，市$_G$位于β象限，市$_L$、市$_N$、市$_O$位于γ象限，漏查的嫌疑均较大。

表 8-8　象限分析法匹配非供暖区清查生活源锅炉数量与人口

城市代码	清查生活源锅炉数量/台	人口/万人
市$_A$	2 086	2 420
市$_B$	2 024	7 999
市$_C$	1 850	8 262
市$_D$	1 751	5 590
市$_E$	1 406	6 822
市$_F$	1 285	5 885
市$_G$	1 081	10 999
市$_H$	939	6 196
市$_I$	788	3 874
市$_J$	724	3 048

城市代码	清查生活源锅炉数量/台	人口/万人
市K	588	3 555
市L	451	4 592
市M	443	917
市N	389	4 771
市O	233	4 838

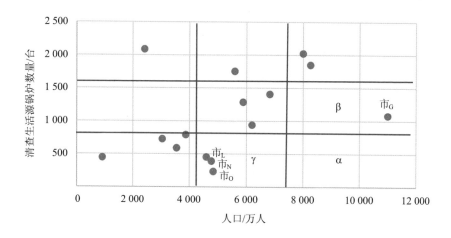

注：图中α、β、γ象限为疑似数据偏少省（自治区、直辖市），α象限最严重，β、γ象限次之。

图8-4　象限分析法匹配非供暖区清查生活源锅炉数量与人口

二、住宿餐饮业锅炉数量与住宿餐饮企业数量匹配

（一）排序对比法

计算供暖区统计部门住宿餐饮企业数量在全国或全省排名与清查住宿餐饮业锅炉数量在全国或全省排序的差值。差值为负值表示存在漏查嫌疑，值越小表示漏查嫌疑越大。如表 8-9 所示，市K 供暖区住宿餐饮企业数量排名第 1，而清查住

宿餐饮业锅炉数量排名第 6；市$_L$供暖区住宿餐饮企业数量排名第 3，而清查住宿餐饮业锅炉数量排名第 8；市$_M$供暖区住宿餐饮企业数量排名第 8，而清查住宿餐饮业锅炉数量排名第 13，三市均存在漏查嫌疑。

表 8-9 排序对比法匹配供暖区清查住宿餐饮业锅炉数量与住宿餐饮企业数量

城市代码	清查住宿餐饮业锅炉数量/台	排序	住宿餐饮企业数量/家	排序	排序差
市$_A$	867	2	17 134	2	0
市$_B$	918	1	9 337	4	3
市$_C$	534	5	8 229	6	1
市$_D$	696	3	7 109	7	4
市$_E$	296	10	2 930	11	1
市$_F$	337	9	8 935	5	−4
市$_G$	449	7	1 381	13	6
市$_H$	570	4	3 999	10	6
市$_I$	267	11	4 040	9	−2
市$_J$	245	12	2 326	12	0
市$_K$	498	6	23 469	1	−5
市$_L$	404	8	12 911	3	−5
市$_M$	238	13	5 652	8	−5
市$_N$	115	14	1 288	14	0
市$_O$	63	15	609	15	0

计算非供暖区统计部门住宿餐饮企业数量在全国或全省排名与清查住宿餐饮业锅炉数量在全国或全省排序的差值。差值为负值表示存在漏查嫌疑，值越小表示漏查嫌疑越大。如表 8-10 所示，市$_I$非供暖区住宿餐饮企业数量排名第 7，而清查住宿餐饮业锅炉数量排名第 12；市$_J$非供暖区住宿餐饮企业数量排名第 2，而清查住宿餐饮业锅炉数量排名第 9；市$_K$非供暖区住宿餐饮企业数量排名第 8，而清查住宿餐饮业锅炉数量排名第 13，均存在漏查嫌疑。

表 8-10　排序对比法匹配非供暖区清查住宿餐饮业锅炉数量与住宿餐饮企业数量

城市代码	清查住宿餐饮业锅炉数量/台	排序	住宿餐饮企业数量/家	排序	排序差
市A	503	6	13 787	6	0
市B	648	4	20 393	4	0
市C	721	1	11 368	10	9
市D	683	2	20 961	3	1
市E	634	5	11 439	9	4
市F	435	7	14 747	5	-2
市G	669	3	27 458	1	-2
市H	355	8	11 076	12	4
市I	224	12	11 574	7	-5
市J	270	9	26 385	2	-7
市K	167	13	11 495	8	-5
市L	258	11	5 988	14	3
市M	259	10	2 139	15	5
市N	132	14	11 186	11	-3
市O	54	15	6 264	13	-2

（二）占比对比法

计算供暖区统计部门住宿餐饮企业数量在全国或全省占比与清查住宿餐饮业锅炉数量在全国或全省占比的差值。差值为正表示存在漏查嫌疑，值越大表示漏查嫌疑越大。如表 8-11 所示，市K 供暖区住宿餐饮企业数量占比为 21.5%，而清查住宿餐饮业锅炉数量占比为 7.7%；市L 供暖区住宿餐饮企业数量占比为 11.8%，而清查住宿餐饮业锅炉数量占比为 6.2%，两市均存在漏查嫌疑。

表 8-11　占比对比法匹配供暖区清查住宿餐饮业锅炉数量占比与住宿餐饮企业数量占比

城市代码	清查住宿餐饮业		住宿餐饮企业		占比差
	锅炉数量/台	占比	数量/家	占比	
市$_A$	867	13.3%	17 134	15.7%	2.3%
市$_B$	918	14.1%	9 337	8.5%	−5.6%
市$_C$	534	8.2%	8 229	7.5%	−0.7%
市$_D$	696	10.7%	7 109	6.5%	−4.2%
市$_E$	296	4.6%	2 930	2.7%	−1.9%
市$_F$	337	5.2%	8 935	8.2%	3.0%
市$_G$	449	6.9%	1 381	1.3%	−5.6%
市$_H$	570	8.8%	3 999	3.7%	−5.1%
市$_I$	267	4.1%	4 040	3.7%	−0.4%
市$_J$	245	3.8%	2 326	2.1%	−1.6%
市$_K$	498	7.7%	23 469	21.5%	13.8%
市$_L$	404	6.2%	12 911	11.8%	5.6%
市$_M$	238	3.7%	5 652	5.2%	1.5%
市$_N$	115	1.8%	1 288	1.2%	−0.6%
市$_O$	63	1.0%	609	0.6%	−0.4%

　　计算非供暖区统计部门住宿餐饮企业数量在全国或全省占比与清查住宿餐饮业锅炉数量在全国或全省占比的差值。差值为正表示存在漏查嫌疑，值越大表示漏查嫌疑越大。如表 8-12 所示，市$_J$ 非供暖区住宿餐饮企业数量占比为 12.8%，而清查住宿餐饮业锅炉数量占比为 4.5%，存在漏查嫌疑。

表 8-12　占比对比法匹配非供暖区清查住宿餐饮业锅炉数量占比与住宿餐饮企业数量占比

城市代码	清查住宿餐饮业		住宿餐饮企业		占比差
	锅炉数量/台	占比	数量/家	占比	
市$_A$	503	8.4%	13 787	6.7%	−1.7%
市$_B$	648	10.8%	20 393	9.9%	−0.9%
市$_C$	721	12.0%	11 368	5.5%	−6.5%
市$_D$	683	11.4%	20 961	10.2%	−1.2%

城市代码	清查住宿餐饮业		住宿餐饮企业		占比差
	锅炉数量/台	占比	数量/家	占比	
市E	634	10.5%	11 439	5.5%	−5.0%
市F	435	7.2%	14 747	7.1%	−0.1%
市G	669	11.1%	27 458	13.3%	2.2%
市H	355	5.9%	11 076	5.4%	−0.5%
市I	224	3.7%	11 574	5.6%	1.9%
市J	270	4.5%	26 385	12.8%	8.3%
市K	167	2.8%	11 495	5.6%	2.8%
市L	258	4.3%	5 988	2.9%	−1.4%
市M	259	4.3%	2 139	1.0%	−3.3%
市N	132	2.2%	11 186	5.4%	3.2%
市O	54	0.9%	6 264	3.0%	2.1%

（三）偏差法

以线性偏差法说明分析过程。以供暖区统计部门住宿餐饮企业数量为横坐标，以供暖区清查住宿餐饮业锅炉数量为纵坐标绘制散点图，用线性拟合的方式取得线性方程，然后计算每个散点到直线的距离。如表 8-13、图 8-5 所示，市I 距离值最大，漏查嫌疑最大。

表 8-13　偏差法匹配供暖区清查住宿餐饮业锅炉数量与住宿餐饮企业数量

城市代码	统计部门住宿餐饮企业数量/家	清查住宿餐饮业锅炉数量/台	距离/量纲一
市A	2 422	106	15
市B	2 279	124	9
市C	294	59	20
市D	163	30	4
市E	519	47	0
市F	1 417	75	7
市G	1 403	81	0

城市代码	统计部门住宿餐饮企业数量/家	清查住宿餐饮业锅炉数量/台	距离/量纲一
市H	2 355	111	7
市I	1 318	135	57
市J	2 253	100	14
市K	44	24	5
市L	115	19	13
市M	219	30	6
市N	166	24	10
市O	230	31	5

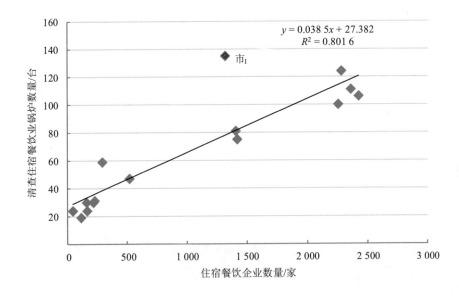

图 8-5　偏差法匹配供暖区清查住宿餐饮业锅炉数量与住宿餐饮企业数量

以线性偏差法说明分析过程。以非供暖区统计部门住宿餐饮企业数量为横坐标，以非供暖区清查住宿餐饮业锅炉数量为纵坐标绘制散点图，用线性拟合的方式取得线性方程，然后计算每个散点到直线的距离。如表 8-14、图 8-6 所示，市C 的距离值最大，漏查嫌疑最大。

表 8-14　偏差法匹配非供暖区清查住宿餐饮业锅炉数量与住宿餐饮企业数量

城市代码	清查住宿餐饮业锅炉数量/台	统计部门住宿餐饮企业数量/家	距离/量纲一
市$_A$	414	1 683	53
市$_B$	116	740	50
市$_C$	149	994	68
市$_D$	67	131	24
市$_E$	146	741	21
市$_F$	138	385	43
市$_G$	150	475	37
市$_H$	25	34	2
市$_I$	17	180	35
市$_J$	30	158	17
市$_K$	35	40	11
市$_L$	38	53	11
市$_M$	45	102	8
市$_N$	22	87	11
市$_O$	56	138	12

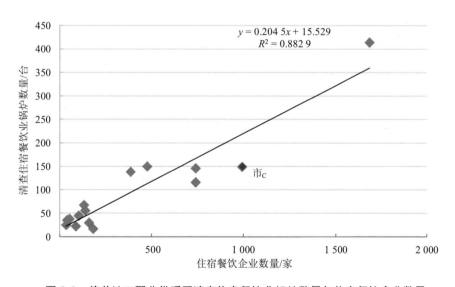

图 8-6　偏差法匹配非供暖区清查住宿餐饮业锅炉数量与住宿餐饮企业数量

（四）象限分析法

以供暖区统计部门住宿餐饮企业数量为横坐标，以清查住宿餐饮业锅炉数量为纵坐标绘制散点图，如表 8-15 所示，按照象限分析法，所得九宫格如图 8-7 所示，市$_K$、市$_L$ 位于 β 象限，市$_F$、市$_M$ 位于 γ 象限，漏查的嫌疑均较大。

表 8-15　象限分析法匹配供暖区清查住宿餐饮业锅炉数量与住宿餐饮企业数量

城市代码	清查住宿餐饮业锅炉数量/台	住宿餐饮企业数量/家
市$_A$	867	17 134
市$_B$	918	9 337
市$_C$	534	8 229
市$_D$	696	7 109
市$_E$	296	2 930
市$_F$	337	8 935
市$_G$	449	1 381
市$_H$	570	3 999
市$_I$	267	4 040
市$_J$	245	2 326
市$_K$	498	23 469
市$_L$	404	12 911
市$_M$	238	5 652
市$_N$	115	1 288
市$_O$	63	609

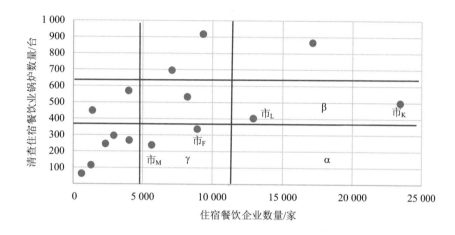

注：图中 α、β、γ 象限为疑似数据偏少省（自治区、直辖市），α 象限最严重，β、γ 象限次之。

图 8-7　象限分析法匹配供暖区清查住宿餐饮业锅炉数量与住宿餐饮企业数量

以非供暖区统计部门住宿餐饮企业数量为横坐标，以清查住宿餐饮业锅炉数量为纵坐标绘制散点图，如表 8-16 所示，按照象限分析法，所得九宫格如图 8-8 所示，市 J 位于 β 象限，市 N、市 K 位于 γ 象限，漏查的嫌疑均较大。

表 8-16　象限分析法匹配非供暖区清查住宿餐饮业锅炉数量与住宿餐饮企业数量

城市代码	清查住宿餐饮业锅炉数量/台	住宿餐饮企业数量/家
市A	503	13 787
市B	648	20 393
市C	721	11 368
市D	683	20 961
市E	634	11 439
市F	435	14 747
市G	669	27 458
市H	355	11 076
市I	224	11 574

城市代码	清查住宿餐饮业锅炉数量/台	住宿餐饮企业数量/家
市$_J$	270	26 385
市$_K$	167	11 495
市$_L$	258	5 988
市$_M$	259	2 139
市$_N$	132	11 186
市$_O$	54	6 264

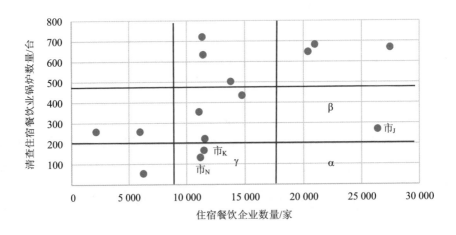

注：图中 α、β、γ 象限为疑似数据偏少省（自治区、直辖市），α 象限最严重，β、γ 象限次之。

图 8-8　象限分析法匹配非供暖区清查住宿餐饮业锅炉数量与住宿餐饮企业数量

三、医院锅炉数量与医院数量匹配

（一）排序对比法

计算供暖区统计部门医院数量在全国或全省排名与清查医院锅炉数量在全国或全省排序的差值。差值为负值表示存在漏查嫌疑，值越小表示漏查嫌疑越大。

如表 8-17 所示，市$_K$ 供暖区医院数量排名第 1，而清查医院锅炉数量排名第 8，存在漏查嫌疑。

表 8-17 排序对比法匹配供暖区清查医院锅炉数量与医院数量

城市代码	清查医院锅炉数量/台	排序	统计部门医院数量/家	排序	排序差
市$_A$	397	2	638	10	8
市$_B$	355	5	1 085	6	1
市$_C$	411	1	1 618	2	1
市$_D$	366	3	1 393	4	1
市$_E$	224	10	1 031	7	−3
市$_F$	363	4	1 190	5	1
市$_G$	228	9	199	13	4
市$_H$	209	12	720	8	−4
市$_I$	309	6	446	11	5
市$_J$	217	11	662	9	−2
市$_K$	247	8	2 018	1	−7
市$_L$	307	7	1 596	3	−4
市$_M$	179	13	421	12	−1
市$_N$	118	14	190	14	0
市$_O$	9	15	145	15	0

计算非供暖区统计部门医院数量在全国或全省排名与清查医院锅炉数量在全国或全省排序的差值。差值为负值表示存在漏查嫌疑，值越小表示漏查嫌疑越大。如表 8-18 所示，市$_G$ 非供暖区医院数量排名第 4，而清查医院锅炉数量排名第 9；市$_K$ 非供暖区医院数量排名第 5，而清查医院锅炉数量排名第 10；市$_N$ 非供暖区医院数量排名第 6，而清查医院锅炉数量排名第 11，三市均存在漏查嫌疑。

表 8-18 排序对比法匹配非供暖区清查医院锅炉数量与医院数量

城市代码	清查医院锅炉数量/台	排序	统计部门医院数量/家	排序	排序差
市$_A$	249	6	349	14	8
市$_B$	276	4	1 678	2	−2
市$_C$	291	3	2 066	1	−2
市$_D$	319	1	1 130	7	6
市$_E$	275	5	1 596	3	−2
市$_F$	305	2	927	9	7
市$_G$	119	9	1 381	4	−5
市$_H$	210	7	1 039	8	1
市$_I$	17	15	587	12	−3
市$_J$	130	8	699	10	2
市$_K$	88	10	1 220	5	−5
市$_L$	22	13	592	11	−2
市$_M$	20	14	211	15	1
市$_N$	35	11	1 187	6	−5
市$_O$	35	12	543	13	1

（二）占比对比法

计算供暖区统计部门医院数量在全国或全省占比与清查医院锅炉数量在全国或全省占比的差值。差值为正表示存在漏查嫌疑，值越大表示漏查嫌疑越大。如表 8-19 所示，市$_K$ 供暖区医院数量占比为 15.1%，而清查医院锅炉数量占比为 6.3%，存在漏查嫌疑。

表 8-19 占比对比法匹配供暖区清查医院锅炉数量占比与医院数量占比

城市代码	清查医院锅炉数量/台	占比	统计部门医院数量/家	占比	占比差
市$_A$	397	10.1%	638	4.8%	−5.3%
市$_B$	355	9.0%	1 085	8.1%	−0.9%

城市代码	清查医院锅炉数量/台	占比	统计部门医院数量/家	占比	占比差
市$_C$	411	10.4%	1 618	12.1%	1.7%
市$_D$	366	9.3%	1 393	10.4%	1.1%
市$_E$	224	5.7%	1 031	7.7%	2.0%
市$_F$	363	9.2%	1 190	8.9%	−0.3%
市$_G$	228	5.8%	199	1.5%	−4.3%
市$_H$	209	5.3%	720	5.4%	0.1%
市$_I$	309	7.8%	446	3.3%	−4.5%
市$_J$	217	5.5%	662	5.0%	−0.6%
市$_K$	247	6.3%	2 018	15.1%	8.8%
市$_L$	307	7.8%	1 596	12.0%	4.2%
市$_M$	179	4.5%	421	3.2%	−1.4%
市$_N$	118	3.0%	190	1.4%	−1.6%
市$_O$	9	0.2%	145	1.1%	0.9%

计算非供暖区统计部门医院数量在全国或全省占比与清查医院锅炉数量在全国或全省占比的差值。差值为正表示存在漏查嫌疑，值越大表示漏查嫌疑越大。如表8-20所示，市$_G$非供暖区医院数量占比为9.1%，而清查医院锅炉数量占比为5%；市$_K$非供暖区医院数量占比为8.0%，而清查医院锅炉数量占比为3.7%；市$_N$非供暖区医院数量占比为7.8%，而清查医院锅炉数量占比为1.5%，均存在漏查嫌疑。

表8-20　占比对比法匹配非供暖区清查医院锅炉数量占比与医院数量占比

城市代码	清查医院锅炉数量/台	占比	统计部门医院数量/家	占比	占比差
市$_A$	249	10.4%	349	2.3%	−8.1%
市$_B$	276	11.5%	1 678	11.0%	−0.5%
市$_C$	291	12.2%	2 066	13.6%	1.4%
市$_D$	319	13.3%	1 130	7.4%	−5.9%
市$_E$	275	11.5%	1 596	10.5%	−1.0%
市$_F$	305	12.8%	927	6.1%	−6.7%

城市代码	清查医院锅炉数量/台	占比	统计部门医院数量/家	占比	占比差
市$_G$	119	5.0%	1 381	9.1%	4.1%
市$_H$	210	8.8%	1 039	6.8%	−1.9%
市$_I$	17	0.7%	587	3.9%	3.2%
市$_J$	130	5.4%	699	4.6%	−0.8%
市$_K$	88	3.7%	1 220	8.0%	4.3%
市$_L$	22	0.9%	592	3.9%	3.0%
市$_M$	20	0.8%	211	1.4%	0.6%
市$_N$	35	1.5%	1 187	7.8%	6.3%
市$_O$	35	1.5%	543	3.6%	2.1%

（三）偏差法

以线性偏差法说明分析过程。以供暖区统计部门医院数量为横坐标，以供暖区清查医院锅炉数量为纵坐标绘制散点图，用线性拟合的方式取得线性方程，然后计算每个散点到直线的距离。如表 8-21、图 8-9 所示，市$_B$、市$_G$ 的距离值较大，漏查嫌疑较大。

表 8-21　偏差法匹配供暖区清查医院锅炉数量与医院数量

城市代码	清查医院锅炉数量/台	统计部门医院数量/家	距离/量纲一
市$_A$	402	624	53
市$_B$	29	263	99
市$_C$	40	178	48
市$_D$	17	56	9
市$_E$	60	183	33
市$_F$	65	136	6
市$_G$	148	73	98
市$_H$	1	22	6
市$_I$	1	47	18
市$_J$	2	16	2

城市代码	清查医院锅炉数量/台	统计部门医院数量/家	距离/量纲一
市$_K$	76	35	53
市$_L$	27	32	12
市$_M$	53	96	3
市$_N$	47	89	2
市$_O$	72	136	1

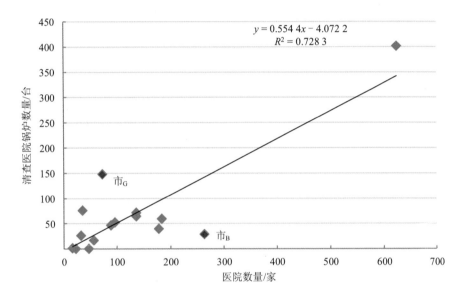

图 8-9　偏差法匹配供暖区清查医院锅炉数量与医院数量

　　以线性偏差法说明分析过程。以非供暖区统计部门医院数量为横坐标，以非供暖区清查医院锅炉数量为纵坐标绘制散点图，用线性拟合的方式取得线性方程，然后计算每个散点到直线的距离。如表 8-22、图 8-10 所示，市$_C$、市$_F$、市$_G$ 的距离值较大，均存在较大漏查嫌疑。

表 8-22　偏差法匹配非供暖区清查医院锅炉数量与医院数量

城市代码	清查医院锅炉数量/台	统计部门医院数量/家	距离/量纲一
市$_A$	88	269	7
市$_B$	22	105	10
市$_C$	27	151	18
市$_D$	10	47	5
市$_E$	45	155	2
市$_F$	38	61	18
市$_G$	46	77	21
市$_H$	3	11	2
市$_I$	1	23	7
市$_J$	1	19	6
市$_K$	6	26	3
市$_L$	9	6	6
市$_M$	12	37	0
市$_N$	34	88	7
市$_O$	20	75	3

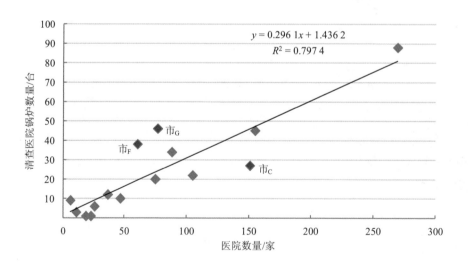

图 8-10　偏差法匹配非供暖区清查医院锅炉数量与医院数量

（四）象限分析法

以供暖区统计部门医院数量为横坐标，以清查医院锅炉数量为纵坐标绘制散点图，如表 8-23 所示，按照象限分析法，所得九宫格如图 8-11 所示，市$_K$ 位于 β 象限，漏查的嫌疑较大。

表 8-23　象限分析法匹配供暖区清查医院锅炉数量与医院数量

城市代码	清查医院锅炉数量/台	统计部门医院数量/家
市$_A$	397	638
市$_B$	355	1 085
市$_C$	411	1 618
市$_D$	366	1 393
市$_E$	224	1 031
市$_F$	363	1 190
市$_G$	228	199
市$_H$	209	720
市$_I$	309	446
市$_J$	217	662
市$_K$	247	2 018
市$_L$	307	1 596
市$_M$	179	421
市$_N$	118	190
市$_O$	9	145

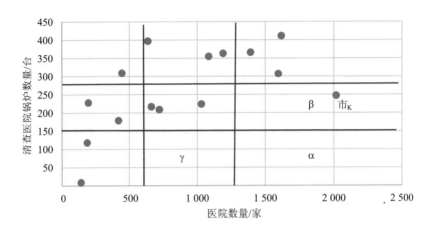

注：图中α、β、γ象限为疑似数据偏少省（自治区、直辖市），α象限最严重，β、γ象限次之。

图 8-11　象限分析法匹配供暖区清查医院锅炉数量与医院数量

以非供暖区统计部门医院数量为横坐标，以清查医院锅炉数量为纵坐标绘制散点图，如表 8-24 所示，按照象限分析法，所得九宫格如图 8-12 所示，市$_K$、市$_N$位于γ象限，漏查的嫌疑较大。

表 8-24　象限分析法匹配非供暖区清查医院锅炉数量与医院数量

城市代码	清查医院锅炉数量/台	统计部门医院数量/家
市$_A$	249	349
市$_B$	276	1 678
市$_C$	291	2 066
市$_D$	319	1 130
市$_E$	275	1 596
市$_F$	305	927
市$_G$	119	1 381
市$_H$	210	1 039
市$_I$	17	587
市$_J$	130	699

城市代码	清查医院锅炉数量/台	统计部门医院数量/家
市$_K$	88	1 220
市$_L$	22	592
市$_M$	20	211
市$_N$	35	1 187
市$_O$	35	543

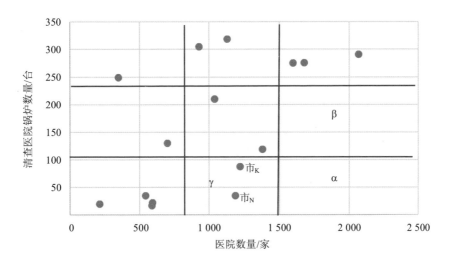

注：图中α、β、γ象限为疑似数据偏少省（自治区、直辖市），α象限最严重，β、γ象限次之。

图 8-12　象限分析法匹配非供暖区清查医院锅炉数量与医院数量

四、学校锅炉数量与学校数量匹配

（一）排序对比法

计算供暖区统计部门学校数量在全国或全省排名与清查学校锅炉数量在全国或全省排序的差值。差值为负值表示存在漏查嫌疑，值越小表示漏查嫌疑越大。如表 8-25 所示，市$_L$供暖区学校数量排名第 1，而清查学校锅炉数量排名第 12；市$_K$供暖区学校数量排名第 3，而清查学校锅炉数量排名第 8，均存在漏查嫌疑。

表 8-25　排序对比法匹配供暖区清查学校锅炉数量与学校数量

城市代码	清查学校锅炉数量/台	排序	统计部门学校数量/家	排序	排序差
市$_A$	43	15	1 743	12	−3
市$_B$	1 504	2	7 832	6	4
市$_C$	1 345	3	15 201	2	−1
市$_D$	1 667	1	8 545	5	4
市$_E$	978	4	3 957	9	5
市$_F$	759	5	6 078	7	2
市$_G$	607	10	1 290	14	4
市$_H$	736	6	2 811	10	4
市$_I$	730	7	8 874	4	−3
市$_J$	644	9	5 803	8	−1
市$_K$	659	8	13 821	3	−5
市$_L$	302	12	28 446	1	−11
市$_M$	227	13	1 448	13	0
市$_N$	311	11	1 873	11	0
市$_O$	49	14	946	15	1

计算非供暖区统计部门学校数量在全国或全省排名与清查学校锅炉数量在全国或全省排序的差值。差值为负值表示存在漏查嫌疑，值越小表示漏查嫌疑越大。如表 8-26 所示，市$_G$非供暖区学校数量排名第 1，而清查学校锅炉数量排名第 13；市$_N$非供暖区学校数量排名第 2，而清查学校锅炉数量排名第 12，均存在漏查嫌疑。

表 8-26　排序对比法匹配非供暖区清查学校锅炉数量与学校数量

城市代码	清查学校锅炉数量/台	排序	统计部门学校数量/家	排序	排序差
市A	140	4	1 647	15	11
市B	200	3	6 995	11	8
市C	252	1	10 770	7	6
市D	223	2	5 751	12	10
市E	86	6	12 375	4	−2
市F	103	5	8 153	9	4
市G	20	13	14 962	1	−12
市H	72	7	11 946	5	−2
市I	9	14	7 125	10	−4
市J	41	9	4 200	13	4
市K	35	10	10 494	8	−2
市L	24	11	11 126	6	−5
市M	2	15	2 037	14	−1
市N	24	12	13 958	2	−10
市O	45	8	12 587	3	−5

（二）占比对比法

计算供暖区统计部门学校数量在全国或全省占比与清查学校锅炉数量在全国或全省占比的差值。差值为正表示存在漏查嫌疑，值越大表示漏查嫌疑越大。如表 8-27 所示，市L供暖区学校数量占比为 26.2%，而清查学校锅炉数量占比为 2.9%，存在漏查嫌疑。

表 8-27 占比对比法匹配供暖区清查学校锅炉数量占比与学校数量占比

城市代码	清查学校锅炉数量/台	占比	统计部门学校数量/家	占比	占比差
市$_A$	43	0.4%	1 743	1.6%	1.2%
市$_B$	1 504	14.2%	7 832	7.2%	−7.0%
市$_C$	1 345	12.7%	15 201	14.0%	1.3%
市$_D$	1 667	15.8%	8 545	7.9%	−7.9%
市$_E$	978	9.3%	3 957	3.6%	−5.7%
市$_F$	759	7.2%	6 078	5.6%	−1.6%
市$_G$	607	5.7%	1 290	1.2%	−4.5%
市$_H$	736	7.0%	2 811	2.6%	−4.4%
市$_I$	730	6.9%	8 874	8.2%	1.3%
市$_J$	644	6.1%	5 803	5.3%	−0.8%
市$_K$	659	6.2%	13 821	12.7%	6.5%
市$_L$	302	2.9%	28 446	26.2%	23.3%
市$_M$	227	2.1%	1 448	1.3%	−0.8%
市$_N$	311	2.9%	1 873	1.7%	−1.2%
市$_O$	49	0.5%	946	0.9%	0.4%

计算非供暖区统计部门学校数量在全国或全省占比与清查学校锅炉数量在全国或全省占比的差值。差值为正表示存在漏查嫌疑,值越大表示漏查嫌疑越大。如表 8-28 所示,市$_G$ 非供暖区学校数量占比为 11.2%,而清查学校锅炉数量占比为 1.6%;市$_N$ 非供暖区学校数量占比为 10.4%,而清查学校锅炉数量占比为 1.9%,均存在漏查嫌疑。

表 8-28　占比对比法匹配非供暖区清查学校锅炉数量占比与学校数量占比

城市代码	清查学校锅炉数量/台	占比	统计部门学校数量/家	占比	占比差
市A	140	11.0%	1 647	1.2%	−9.8%
市B	200	15.7%	6 995	5.2%	−10.5%
市C	252	19.7%	10 770	8.0%	−11.7%
市D	223	17.5%	5 751	4.3%	−13.2%
市E	86	6.7%	12 375	9.2%	2.5%
市F	103	8.1%	8 153	6.1%	−2.0%
市G	20	1.6%	14 962	11.2%	9.6%
市H	72	5.6%	11 946	8.9%	3.3%
市I	9	0.7%	7 125	5.3%	4.6%
市J	41	3.2%	4 200	3.1%	−0.1%
市K	35	2.7%	10 494	7.8%	5.1%
市L	24	1.9%	11 126	8.3%	6.4%
市M	2	0.2%	2 037	1.5%	1.3%
市N	24	1.9%	13 958	10.4%	8.5%
市O	45	3.5%	12 587	9.4%	5.9%

（三）偏差法

以线性偏差法说明分析过程。以供暖区统计部门学校数量为横坐标，以供暖区清查学校锅炉数量为纵坐标绘制散点图，用线性拟合的方式取得线性方程，然后计算每个散点到直线的距离。如表 8-29、图 8-13 所示，市K 的距离值最大，漏查嫌疑最大。

表 8-29　偏差法匹配供暖区清查学校锅炉数量与学校数量

城市代码	清查学校锅炉数量/台	统计部门学校数量/家	距离/量纲一
市$_A$	1 937	2 964	168
市$_B$	140	281	71
市$_C$	258	455	54
市$_D$	622	972	8
市$_E$	540	897	27
市$_F$	439	1 142	235
市$_G$	541	621	110
市$_H$	504	623	77
市$_I$	589	604	161
市$_J$	528	634	93
市$_K$	422	1 417	386
市$_L$	483	677	32
市$_M$	500	551	109
市$_N$	100	142	37
市$_O$	436	557	51

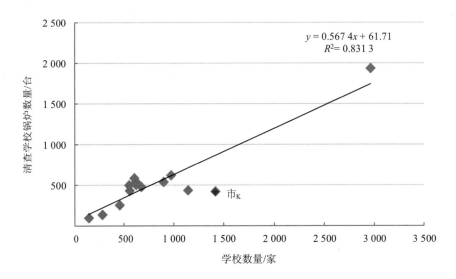

图 8-13　偏差法匹配供暖区清查学校锅炉数量与学校数量

以线性偏差法说明分析过程。以非供暖区统计部门学校数量为横坐标，以非供暖区清查学校锅炉数量为纵坐标绘制散点图，用线性拟合的方式取得线性方程，然后计算每个散点到直线的距离。如表 8-30、图 8-14 所示，市$_K$ 的距离值最大，存在漏查嫌疑最大。

表 8-30　偏差法匹配非供暖区清查学校锅炉数量与学校数量

城市代码	清查学校锅炉数量/台	统计部门学校数量/家	距离/量纲一
市$_A$	1 008	3 064	115
市$_B$	113	481	4
市$_C$	58	355	13
市$_D$	301	922	56
市$_E$	231	865	6
市$_F$	164	998	97
市$_G$	275	735	85
市$_H$	254	534	123
市$_I$	326	772	124
市$_J$	295	844	73
市$_K$	134	1 608	302
市$_L$	98	805	104
市$_M$	187	651	25
市$_N$	46	463	55
市$_O$	39	389	41

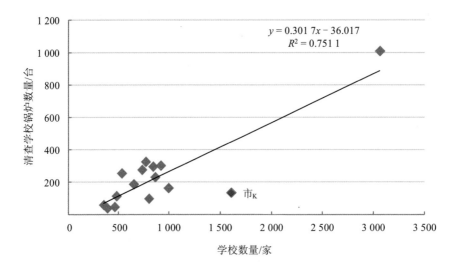

图 8-14 偏差法匹配非供暖区清查学校锅炉数量与学校数量

（四）象限分析法

以供暖区统计部门学校数量为横坐标，以清查学校锅炉数量为纵坐标绘制散点图，如表 8-31 所示，按照象限分析法，所得九宫格如图 8-15 所示，市$_L$ 位于 α 象限，市$_K$ 位于 β 象限，漏查的嫌疑均较大。

表 8-31 象限分析法匹配供暖区清查学校锅炉数量与学校数量

城市代码	清查学校锅炉数量/台	统计部门学校数量/家
市$_A$	43	1 743
市$_B$	1 504	7 832
市$_C$	1 345	15 201
市$_D$	1 667	8 545
市$_E$	978	3 957
市$_F$	759	6 078
市$_G$	607	1 290
市$_H$	736	2 811

城市代码	清查学校锅炉数量/台	统计部门学校数量/家
市_I	730	8 874
市_J	644	5 803
市_K	659	13 821
市_L	302	28 446
市_M	227	1 448
市_N	311	1 873
市_O	49	946

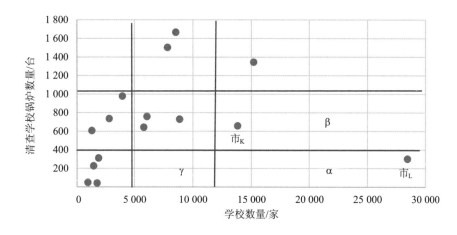

注：图中α、β、γ象限为疑似数据偏少省（自治区、直辖市），α象限最严重，β，γ象限次之。

图 8-15　象限分析法匹配供暖区清查学校锅炉数量与学校数量

　　以非供暖区统计部门学校数量为横坐标，以清查学校锅炉数量为纵坐标绘制散点图，如表 8-32 所示，按照象限分析法，所得九宫格如图 8-16 所示，市_K、市_L、市_O、市_N、市_G位于α象限，市_H、市_E位于β象限，市_I位于γ象限，漏查的嫌疑均较大。

城市代码	清查学校锅炉数量/台	统计部门学校数量/家
市$_I$	730	8 874
市$_J$	644	5 803
市$_K$	659	13 821
市$_L$	302	28 446
市$_M$	227	1 448
市$_N$	311	1 873
市$_O$	49	946

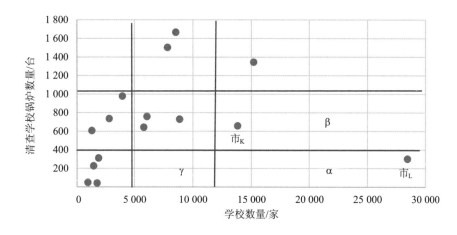

注：图中α、β、γ象限为疑似数据偏少省（自治区、直辖市），α象限最严重，β，γ象限次之。

图 8-15　象限分析法匹配供暖区清查学校锅炉数量与学校数量

　　以非供暖区统计部门学校数量为横坐标，以清查学校锅炉数量为纵坐标绘制散点图，如表 8-32 所示，按照象限分析法，所得九宫格如图 8-16 所示，市$_K$、市$_L$、市$_O$、市$_N$、市$_G$位于α象限，市$_H$、市$_E$位于β象限，市$_I$位于γ象限，漏查的嫌疑均较大。

表 8-32　象限分析法匹配非供暖区清查学校锅炉数量与学校数量

城市代码	清查学校锅炉数量/台	统计部门学校数量/家
市$_A$	140	1 647
市$_B$	200	6 995
市$_C$	252	10 770
市$_D$	223	5 751
市$_E$	86	12 375
市$_F$	103	8 153
市$_G$	20	14 962
市$_H$	72	11 946
市$_I$	9	7 125
市$_J$	41	4 200
市$_K$	35	10 494
市$_L$	24	11 126
市$_M$	2	2 037
市$_N$	24	13 958
市$_O$	45	12 587

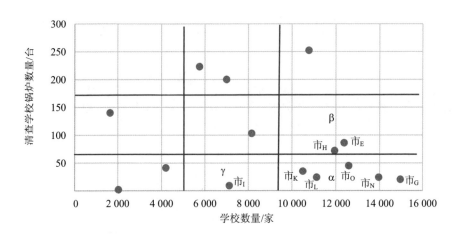

注：图中 α、β、γ 象限为疑似数据偏少省（自治区、直辖市），α 象限最严重，β，γ 象限次之。

图 8-16　象限分析法匹配非供暖区清查学校锅炉数量与学校数量

第九章 入河（海）排污口清查数据审核

一、排污口数量与清查集中式污水处理厂及工业废水治理设施之和匹配

（一）排序对比法

计算清查集中式污水处理厂治理设施与工业废水治理设施之和（以下简称"清查治理设施之和"）在全国或全省排名与清查排污口数量在全国或全省排序的差值。差值为负值表示存在漏查嫌疑，值越小表示漏查嫌疑越大。如表9-1所示，市$_K$、市$_L$、市$_N$的清查治理设施之和排名分别为6、5、8，而清查排污口数量排名分别为11、12、14，三市均存在漏查嫌疑。

表 9-1　排序对比法匹配清查排污口数量与清查治理设施之和

城市代码	清查排污口数量/个	排序	"清查治理设施之和"/个	排序	排序差
市$_A$	20 590	1	2 850	1	0
市$_B$	13 846	2	2 151	2	0
市$_C$	5 986	3	471	4	1
市$_D$	5 351	4	524	3	−1

城市代码	清查排污口数量/个	排序	"清查治理设施之和"/个	排序	排序差
市E	3 623	5	231	10	5
市F	3 520	6	176	13	7
市G	3 217	7	353	7	0
市H	3 072	8	261	9	1
市I	3 022	9	225	11	2
市J	2 969	10	191	12	2
市K	2 742	11	436	6	−5
市L	2 432	12	458	5	−7
市M	1 664	13	111	14	1
市N	1 234	14	333	8	−6

（二）占比对比法

计算清查治理设施之和数量在全国或全省占比与清查排污口数量在全国或全省占比的差值。差值为正表示存在漏查嫌疑，值越大表示漏查嫌疑越大。如表 9-2 所示，市A、市B 的清查治理设施之和数量占比分别为 32.5%、24.5%，而清查排污口数量占比分别为 28.1%、18.9%，漏查嫌疑较大。

表 9-2　占比对比法匹配清查排污口数量占比与"清查治理设施之和"占比

城市代码	清查排污口数量/个	占比	"清查治理设施之和"/个	占比	占比差
市A	20 590	28.1%	2 850	32.5%	4.4%
市B	13 846	18.9%	2 151	24.5%	5.6%
市C	5 986	8.2%	471	5.4%	−2.8%
市D	5 351	7.3%	524	6.0%	−1.3%
市E	3 623	4.9%	231	2.6%	−2.3%
市F	3 520	4.8%	176	2.0%	−2.8%
市G	3 217	4.4%	353	4.0%	−0.4%
市H	3 072	4.2%	261	3.0%	−1.2%

城市代码	清查排污口数量/个	占比	"清查治理设施之和" /个	占比	占比差
市_I	3 022	4.1%	225	2.6%	−1.5%
市_J	2 969	4.1%	191	2.2%	−1.9%
市_K	2 742	3.7%	436	5.0%	1.3%
市_L	2 432	3.3%	458	5.2%	1.9%
市_M	1 664	2.3%	111	1.3%	−1.0%
市_N	1 234	1.7%	333	3.8%	2.1%

（三）偏差法

以线性偏差法说明分析过程。以"清查治理设施之和"为横坐标，以清查排污口数量为纵坐标绘制散点图，用线性拟合的方式取得线性方程，然后计算每个散点到直线的距离。如表 9-3、图 9-1 所示，市_N 的距离值最大，漏查嫌疑最大。

表 9-3　偏差法匹配清查排污口数量与清查治理设施之和

城市代码	清查排污口数量/个	"清查治理设施之和" /个	距离/量纲一
市_A	20 590	2 850	155
市_B	13 846	2 151	188
市_C	5 986	471	269
市_D	5 351	524	119
市_E	3 623	231	144
市_F	3 520	176	183
市_G	3 217	353	39
市_H	3 072	261	30
市_I	3 022	225	58
市_J	2 969	191	83
市_K	2 742	436	193
市_L	2 432	458	263
市_M	1 664	111	37
市_N	1 234	333	323

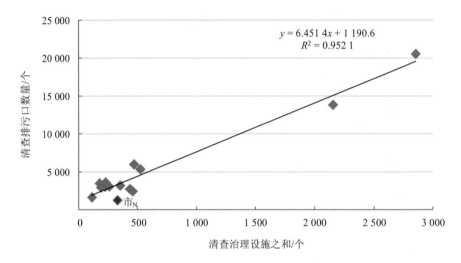

图 9-1　偏差法匹配清查排污口数量与"清查治理设施之和"

（四）象限分析法

以某区域清查治理设施之和为横坐标，以清查排污口数量为纵坐标绘制散点图，如表 9-4 所示，按照象限分析法，所得九宫格如图 9-2 所示，区$_V$位于 α 象限，区$_D$位于 γ 象限，漏查嫌疑较大。

表 9-4　象限分析法匹配清查排污口数量与清查治理设施之和

区域代码	清查排污口数量/个	清查治理设施之和/个
区$_A$	39 368	14 945
区$_B$	12 349	7 075
区$_C$	7 561	6 129
区$_D$	5 570	12 898
区$_E$	4 694	4 503
区$_F$	4 130	4 410

区域代码	清查排污口数量/个	清查治理设施之和/个
区$_G$	3 879	4 820
区$_H$	3 685	2 714
区$_I$	3 215	4 015
区$_J$	2 888	831
区$_K$	2 855	3 302
区$_L$	2 764	1 227
区$_M$	2 731	4 574
区$_N$	2 423	3 471
区$_O$	2 147	3 116
区$_P$	1 844	5 017
区$_Q$	1 818	7 190
区$_R$	1 555	2 914
区$_S$	1 512	4 879
区$_T$	1 311	769
区$_U$	1 010	939
区$_V$	925	43 635
区$_W$	898	1 280
区$_X$	750	1 524
区$_Y$	711	5 347
区$_Z$	623	63
区$_{AA}$	316	3 841
区$_{BB}$	313	1 372
区$_{CC}$	288	569
区$_{DD}$	170	295
区$_{EE}$	146	1 690

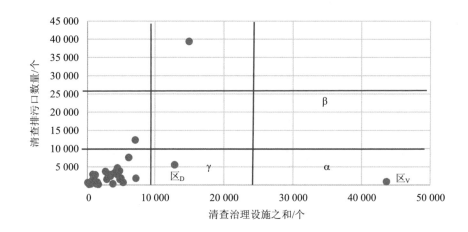

注：图中α、β、γ象限为疑似数据偏少地区，α象限最严重，β、γ象限次之。

图 9-2　象限分析法匹配清查排污口数量与清查治理设施之和

二、工业排放口数量与工业废水治理设施数量匹配

（一）排序对比法

计算工业废水治理设施数量在某区域排名与清查工业废水排污口数量在某区域排序的差值。差值为负值表示存在漏查嫌疑，值越小表示漏查嫌疑越大。如表 9-5 所示，市$_K$的工业废水治理设施数量排名第 8，而清查工业废水排污口数量排名第 11，漏查嫌疑较大。

表 9-5　排序对比法匹配清查工业废水排污口数量与工业废水治理设施数量

城市代码	清查工业废水排污口		工业废水治理设施		排序差
	数量/个	排序	数量/个	排序	
市$_A$	2 371	1	1 082	4	3
市$_B$	2 205	2	2 290	1	−1
市$_C$	2 073	3	2 106	2	−1
市$_D$	2 051	4	1 125	3	−1
市$_E$	1 813	5	914	5	0
市$_F$	1 776	6	731	7	1
市$_G$	1 500	7	520	9	2
市$_H$	1 221	8	834	6	−2
市$_I$	1 087	9	285	11	2
市$_J$	1 024	10	518	10	0
市$_K$	481	11	728	8	−3
市$_L$	252	12	283	12	0

（二）占比对比法

计算工业废水治理设施数量在某区域占比与清查工业废水排污口数量在某区域占比的差值。差值为正表示存在漏查嫌疑，值越大表示漏查嫌疑越大。如表 9-6 所示，市$_B$、市$_C$的工业废水治理设施数量占比分别为 20.1%、18.4%，而清查工业废水排污口数量占比分别为 12.4%、11.6%，漏查嫌疑较大。

表 9-6　占比对比法匹配清查工业废水排污口数量占比与工业废水治理设施数量占比

城市代码	清查工业废水排污口		工业废水治理设施		占比差
	数量/个	占比	数量/个	占比	
市$_A$	2 371	13.3%	1 082	9.5%	−3.8%
市$_B$	2 205	12.4%	2 290	20.1%	7.7%
市$_C$	2 073	11.6%	2 106	18.4%	6.8%
市$_D$	2 051	11.5%	1 125	9.9%	−1.6%

城市代码	清查工业废水排污口		工业废水治理设施		占比差
	数量/个	占比	数量/个	占比	
市$_E$	1 813	10.2%	914	8.0%	−2.2%
市$_F$	1 776	9.9%	731	6.4%	−3.5%
市$_G$	1 500	8.4%	520	4.6%	−3.8%
市$_H$	1 221	6.8%	834	7.3%	0.5%
市$_I$	1 087	6.1%	285	2.5%	−3.6%
市$_J$	1 024	5.7%	518	4.5%	−1.2%
市$_K$	481	2.7%	728	6.4%	3.7%
市$_L$	252	1.4%	283	2.5%	1.1%

（三）偏差法

以线性偏差法说明分析过程。以工业废水治理设施数量为横坐标，以清查工业废水排污口数量为纵坐标绘制散点图，用线性拟合的方式取得线性方程，然后计算每个散点到直线的距离。如表 9-7、图 9-3 所示，市$_H$ 的距离值最大，漏查嫌疑最大。

表 9-7　偏差法匹配清查工业废水排污口数量与工业废水治理设施数量

城市代码	清查工业废水排污口数量/个	工业废水治理设施数量/个	距离/量纲一
市$_A$	4 767	2 723	400
市$_B$	4 298	2 498	323
市$_C$	3 989	2 197	399
市$_D$	3 720	2 476	17
市$_E$	2 451	1 602	28
市$_F$	2 411	1 418	158
市$_G$	2 372	1 912	273
市$_H$	2 283	2 624	912
市$_I$	1 605	1 173	92
市$_J$	1 557	1 111	67
市$_K$	1 076	681	19

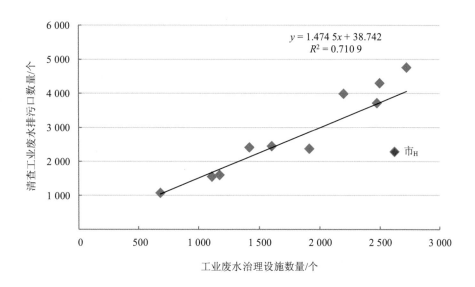

图 9-3　偏差法匹配清查工业废水排污口数量与工业废水治理设施数量

（四）象限分析法

以某区域清查工业废水治理设施数量为横坐标，以清查工业排污口数量为纵坐标绘制散点图，如表 9-8 所示，按照象限分析法，所得九宫格如图 9-4 所示，区$_V$、区$_Q$ 位于 α 象限，区$_D$ 位于 β 象限，区$_F$、区$_G$、区$_K$、区$_M$、区$_N$、区$_O$、区$_P$、区$_R$、区$_S$、区$_Y$ 等位于 γ 象限，漏查嫌疑较大。

表 9-8　象限分析法匹配清查工业废水排污口数量与工业废水治理设施数量

区域代码	清查工业废水排污口数量/个	工业废水治理设施数量/个
区$_A$	5 696	9 733
区$_B$	1 460	4 043
区$_C$	696	3 547
区$_D$	1 731	7 844

区域代码	清查工业废水排污口数量/个	工业废水治理设施数量/个
区$_E$	793	3 004
区$_F$	370	3 655
区$_G$	417	2 562
区$_H$	536	1 601
区$_I$	236	1 879
区$_J$	80	319
区$_K$	456	2 423
区$_L$	12	990
区$_M$	330	3 483
区$_N$	310	2 105
区$_O$	300	2 818
区$_P$	400	2 811
区$_Q$	433	5 672
区$_R$	382	2 248
区$_S$	303	2 318
区$_T$	167	674
区$_U$	144	666
区$_V$	235	7 894
区$_W$	150	1 060
区$_X$	17	609
区$_Y$	164	4 668
区$_Z$	9	42
区$_{AA}$	90	1 728
区$_{BB}$	104	1 170
区$_{CC}$	21	359
区$_{DD}$	7	177
区$_{EE}$	6	1 085

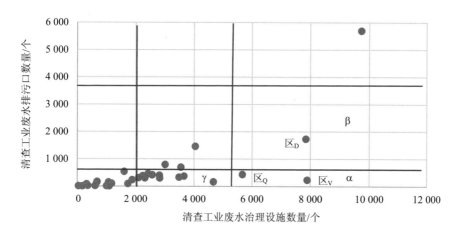

注：图中α、β、γ象限为疑似数据偏少省（自治区、直辖市），α象限最严重，β，γ象限次之。

图 9-4　象限分析法匹配清查工业废水排污口数量与工业废水治理设施数量

第三篇

普查数据审核案例

第十章 工业源普查数据审核

一、普查数量与清查数量对比

如将某县级行政区工业企业普查数据库与普查单位基本名录库（清查定库名录库）进行匹配分析，发现工业源清查数量为 1 079 家，普查数量为 1 011 家，普查阶段增加了 271 家，删除了 339 家。详细信息见表 10-1。

表 10-1　某县级行政区工业源普查数量与清查数量对比　　　　　　　单位：家

污染源类型	清查定库数量	入户填报数量	纳入清查而未入户填报数量（新增）	未纳入清查而新增入户填报数量（删除）
工业企业	1 079	1 011	271	339

二、普查的覆盖度审查

统计某地区 B 类行业企业，以及 C13、C14、C15、C17、C18、C20、C21、C22、C23、C30、C33、C43、D44、D45 和 D46 行业企业数量，原则上各县级行政区内每类行业都应纳入统计。由表 10-2 看出，县$_D$ C19、C43、D45、D46 行业以及县$_E$ C43、D45、D46 行业疑似漏填，需进一步核实。

表 10-2 工业行业覆盖度统计

县级行政区代码	污染源企业行业代码	填报数量/家	是否漏查
县A	B 类	1	否
	C13	10	否
	C14	9	否
	C15	2	否
	C17	4	否
	C18	4	否
	C19	0	否
	C20	9	否
	C21	5	否
	C22	2	否
	C23	22	否
	C25	0	否
	C30	13	否
	C33	17	否
	C42	3	否
	C43	3	否
	D44	6	否
	D45	2	否
	D46	0	否
县B	B 类	3	否
	C13	9	否
	C14	13	否
	C15	3	否
	C17	8	否
	C18	3	否
	C19	0	否
	C20	5	否
	C21	4	否
	C22	4	否
	C23	14	否
	C25	3	否

县级行政区代码	污染源企业行业代码	填报数量/家	是否漏查
县B	C30	44	否
	C33	25	否
	C42	0	否
	C43	0	否
	D44	9	否
	D45	1	否
	D46	0	否
县C	B 类	3	否
	C13	4	否
	C14	19	否
	C15	2	否
	C17	3	否
	C18	1	否
	C19	0	否
	C20	10	否
	C21	10	否
	C22	8	否
	C23	3	否
	C25	0	否
	C30	58	否
	C33	83	否
	C42	11	否
	C43	2	否
	D44	34	否
	D45	2	否
	D46	0	否
县D	B 类	2	否
	C13	17	否
	C14	10	否
	C15	12	否
	C17	3	否
	C18	2	否

县级行政区代码	污染源企业行业代码	填报数量/家	是否漏查
县D	C19	0	疑似漏填
	C20	6	否
	C21	2	否
	C22	6	否
	C23	18	否
	C25	6	否
	C30	48	否
	C33	10	否
	C42	1	否
	C43	0	疑似漏填
	D44	34	否
	D45	0	疑似漏填
	D46	0	疑似漏填
县E	B类	0	疑似漏填
	C13	21	否
	C14	42	否
	C15	2	否
	C17	19	否
	C18	2	否
	C19	1	否
	C20	7	否
	C21	9	否
	C22	14	否
	C23	9	否
	C25	1	否
	C30	48	否
	C33	39	否
	C42	1	否
	C43	0	疑似漏填
	D44	3	否
	D45	0	疑似漏填
	D46	0	疑似漏填

三、基表的审核原则和基本规则

基于国家普查办制定的《普查基层表式审核细则》，结合各地审核情况补充完善后确定的审核规则，对某区域进行基表审核与错误率统计，同时应对有废水或废气产生而未填写 G106 表的企业进行统计，结果见表 10-3。

表 10-3　工业源基表审核情况统计

表格代码	填报的源数量/家	出现错误源数量/家	源错误率/%	漏填数量/家
G101-1	3 127	1 299	41.54	—
G101-2	3 114	169	5.43	13
G101-3 原辅材料	3 115	507	16.28	12
G101-3 能源消耗	3 115	9	0.29	—
G102	729	473	64.88	2
G103-1	303	186	61.39	1
G103-2	367	305	83.11	1
G103-3	1	1	100.00	—
G103-7	8	3	37.50	—
G103-10	28	2	7.14	—
G103-11	230	128	55.65	—
G103-12	414	12	2.90	1
G103-13	2 295	47	2.05	—
G104-1	2 105	85	4.04	—
G104-2	1 054	10	0.95	2
G105	3 045	278	9.13	—
G106-1	2 498	395	15.81	41
G106-2	664	636	95.78	—
G106-3	2 271	13	0.57	—

漏填 G106 表的具体企业有 41 家，具体情况如下：

1. 企业$_A$，填写了 G103-13 表，未填写 G106-1 表；

2. 企业$_B$，填写了 G102 表，未填写 G106-1 表；

3. 企业$_C$，填写了 G102 表、G103-1 表、G103-13 表，未填写 G106-1 表；

4. 企业$_D$，填写了 G103-2 表，未填写 G106-1 表；

5. 企业$_E$，填写了 G102 表，未填写 G106-1 表；

……

39. 企业$_{AM}$，填写了 G102 表、G103-1 表、G103-13 表，未填写 G106-1 表；

40. 企业$_{AN}$，填写了 G103-2 表，未填写 G106-1 表；

41. 企业$_{AO}$，填写了 G102 表、G103-13 表，未填写 G106-1 表。

四、关键指标的异常值筛选

（一）直接排序法

对火电行业产品产量用排序法识别异常值，通过计算各企业生产能力在区域内同行业的占比后，排序发现企业$_A$产品产量数据偏大，企业$_M$、企业$_L$的产量数据偏小，需进一步核实。详细信息见表 10-4。

表 10-4　直接排序法识别火电行业产品产量异常值

企业代码	企业规模	产品名称	生产能力/万千瓦·时	电能产量占比/%
企业$_A$	大型	电能	141 849 744	95.90
企业$_B$	中型	电能	873 897	0.59
企业$_C$	中型	电能	646 844	0.44
企业$_D$	中型	电能	628 550	0.42
企业$_E$	中型	电能	583 092	0.39
企业$_F$	中型	电能	583 092	0.39

企业代码	企业规模	产品名称	生产能力/万千瓦·时	电能产量占比/%
企业$_G$	中型	电能	583 092	0.39
企业$_I$	中型	电能	583 092	0.39
企业$_K$	中型	电能	583 092	0.39
企业$_J$	中型	电能	434 951	0.29
企业$_H$	中型	电能	434 210	0.29
企业$_M$	中型	电能	98 410	0.07
企业$_L$	大型	电能	30 000	0.02

（二）行业平均值比较法

如对钢铁行业产品产量与能源消耗量进行匹配分析，计算单位产品能源消耗量，行业平均吨钢能耗约为 0.63 吨标准煤，企业$_A$、企业$_B$、企业$_C$、企业$_K$、企业$_L$ 5 家企业与行业平均水平差异较大（表 10-5），需进一步核实企业填报的数据。行业平均值不易获取时，也可与区域平均水平进行比较分析。

表 10-5　行业平均值比较法识别钢铁行业产品产量与能源消耗量异常值

企业代码	产量/吨	能源消耗量/吨标准煤	吨钢能耗/吨标准煤	吨钢能耗行业均值/吨标准煤	与行业平均水平的差值/%
企业$_A$	800 000	3 478 261	0.23		−63.50
企业$_B$	50 000	217 391	0.23		−63.50
企业$_C$	430 000	1 102 564	0.39		−38.10
企业$_D$	450 000	803 571	0.56		−11.10
企业$_E$	330 000	559 322	0.59		−6.30
企业$_F$	1 000 000	1 562 500	0.64		1.60
企业$_G$	9 000 000	13 235 294	0.68	0.63	7.90
企业$_H$	270 000	385 714	0.70		11.10
企业$_I$	1 200 000	1 538 462	0.78		23.80
企业$_J$	300 000	379 747	0.79		25.40
企业$_K$	500 000	373 134	1.34		112.70
企业$_L$	100 000	72 464	1.38		119.00

（三）匹配法

1. 直接匹配分析

对比某区域企业的取水量与废水排放量，筛选出 5 家废水排放量大于取水量的企业，识别其异常，需进一步核实，详细信息见表 10-6。

表 10-6　直接匹配法对比企业取水量与废水排放量识别异常值

序号	企业代码	行业名称	企业规模	取水量/米³	废水排放量/米³	差值/米³
1	企业$_A$	齿轮及齿轮减、变速箱制造	大型	304 702	965 000	−660 298
2	企业$_B$	机制纸及纸板制造	小型	35 760	321 842	−286 082
3	企业$_C$	机制纸及纸板制造	微型	0	210 000	−210 000
4	企业$_D$	机制纸及纸板制造	中型	2 203 948	2 295 463	−91 515
5	企业$_E$	汽车零部件及配件制造	小型	374	758	−384

2. 距离分析法

如利用距离分析法对区域内某行业的产品产量与能源消耗量进行分析，如表 10-7、图 10-1 所示，企业$_I$、企业$_M$、企业$_O$、企业$_R$、企业$_T$、企业$_V$、企业$_Y$、企业$_{BB}$、企业$_{CC}$ 等企业距离趋势线较远，产品产量或能源消耗量数据可能存在异常，需进一步核实。

表 10-7　距离分析法匹配产品产量与能源消耗量

企业代码	产品产量/吨	能源消耗量/吨标煤	距离/量纲一
企业$_A$	134	25	900
企业$_B$	234	987	185
企业$_C$	335	1 235	45
企业$_D$	345	1 154	116

企业代码	产品产量/吨	能源消耗量/吨标煤	距离/量纲一
企业$_E$	768	1 345	213
企业$_F$	785	1 565	46
企业$_G$	987	456	1 059
企业$_H$	1 022	851	762
企业$_I$	1 167	6 589	3 773
企业$_J$	1 234	2 435	388
企业$_K$	1 245	1 876	69
企业$_L$	3 244	2 345	876
企业$_M$	3 321	1 256	1 799
企业$_N$	3 456	2 344	1 003
企业$_O$	3 568	7 894	3 400
企业$_P$	4 466	3 345	796
企业$_Q$	5 635	2 765	1 956
企业$_R$	5 678	7 682	1 978
企业$_S$	5 683	4 356	703
企业$_T$	6 789	3 345	2 173
企业$_U$	6 894	5 643	385
企业$_V$	7 634	8 795	1 714
企业$_W$	8 765	8 997	1 206
企业$_Y$	9 925	10 677	1 871
企业$_Z$	9 934	8 835	383
企业$_{AA}$	10 243	7 654	752
企业$_{BB}$	12 561	12 368	1 670
企业$_{CC}$	14 532	8 589	2 542

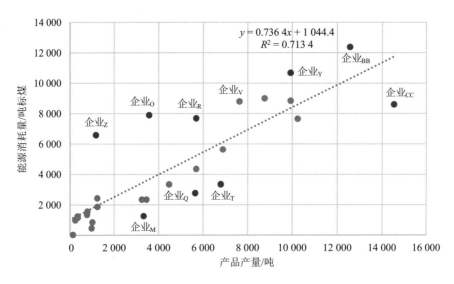

图 10-1 距离分析法匹配产品产量与能源消耗量

3. 象限分析法

如对区域内某行业的产品产量与能源消耗量进行匹配分析，采用 K-means 算法分别对产品产量与能源消耗量进行聚类计算，如表 10-8 所示，所得结果如图 10-2 所示。位于 α、β、γ 象限的点为产量小、能源消耗量大，企业$_C$ 位于 β 象限，数据异常；企业$_N$、企业$_G$ 位于 α 象限，企业$_C$ 位于 β 象限，企业$_L$ 位于 γ 象限，疑似产品产量数据偏小，需进一步核实是否填报错误。

表 10-8 象限分析法匹配产品产量与能源消耗量

企业代码	产品产量/吨	能源消耗量/吨标煤
企业$_A$	221	326.8
企业$_B$	101	43.3
企业$_C$	84	189.2
企业$_D$	11	17.6
企业$_E$	167	196.9
企业$_F$	27	6

企业代码	产品产量/吨	能源消耗量/吨标煤
企业$_G$	23	237.3
企业$_H$	71	36.2
企业$_I$	53	64.5
企业$_J$	34	32.1
企业$_K$	23	3.7
企业$_L$	30	78.7
企业$_M$	9	27.2
企业$_N$	25	199.6
企业$_O$	18	42.6

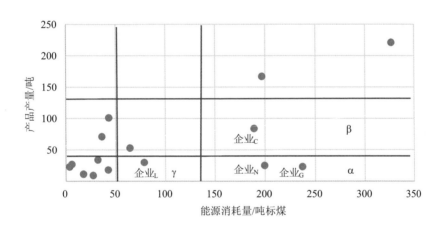

注：图中 α、β、γ 象限为疑似数据偏少省（自治区、直辖市），α 象限最严重，β、γ 象限次之。

图 10-2　象限分析法匹配产品产量与能源消耗量

五、汇总数据与区域统计数据对比

1. 产值与统计数据对比

表 10-9、表 10-10 为某区域工业产值与统计部门数据对比结果，该区域小型企业工业总产值与统计数据基本接近，大型企业、中型企业、微型企业的工业总产值普查数据远超过统计数据，需进一步核实。

表 10-9　普查工业总产值与统计部门数据对比分析

序号	按照企业规模分类	统计部门工业总产值/万元	"污普"工业总产值/万元	差值比/%
1	大型企业	53 099 094	237 528 860	347.3
2	中型企业	10 564 587	61 626 722	483.3
3	小型企业	10 792 996	10 466 856	−3.0
4	微型企业	134 451	993 558	639.0

按照行业类别对比分析，参与对比的行业共 30 个，按照规上企业统计，有 1 个行业工业总产值与统计数据较为接近；有 9 个行业工业总产值与统计数据差值超过 80%；有 18 个行业工业总产值有统计数据，无普查数据。统计中，年产值 ≥ 2 000 万元的企业里有 2 个行业工业总产值与统计数据较为接近；有 15 个行业工业总产值与统计数据差值超过 80%；有 11 个行业的工业总产值有统计数据，无普查数据，需进一步核实。详细信息见表 10-10。

表 10-10　普查各行业工业总产值与统计部门数据对比分析

序号	行业代码	统计部门规上工业总产值/万元	规上工业总产值普查数据/万元	差值比/%	年产值 2 000 万元以上企业工业总产值普查数据/万元	差值比/%
1	行业$_A$	1 969	—	—	—	—
2	行业$_B$	554 752	—	—	5 000	−99.1

序号	行业代码	统计部门规上工业总产值/万元	规上工业总产值普查数据/万元	差值比/%	年产值2 000万元以上企业工业总产值普查数据/万元	差值比/%
3	行业$_C$	706 130	164 935	−76.6	324 205	−54.1
4	行业$_D$	188 509	10 931	−94.2	13 418	−92.9
5	行业$_E$	70 861	—	—	—	—
6	行业$_F$	7 333	—	—	—	—
7	行业$_G$	220 567	—	—	17 300	−92.2
8	行业$_H$	724	—	—	—	—
9	行业$_I$	45 787	—	—	—	—
10	行业$_J$	99 437	—	—	—	—
11	行业$_K$	234 905	—	—	2 500	−98.9
12	行业$_L$	179 885	—	—	9 735	−94.6
13	行业$_M$	117 505	—	—	4 412	−96.2
14	行业$_N$	28 223	—	—	—	—
15	行业$_O$	638 371	58 757	−90.8	74 533	−88.3
16	行业$_P$	278 028	—	—	19 364	−93.0
17	行业$_Q$	275 286	5	−100.0	19 515	−92.9
18	行业$_R$	5 443 101	81 802	−98.5	707 257	−87.0
19	行业$_S$	362 701	—	—	—	—
20	行业$_T$	281 983	28 000	−90.1	227 616	−19.3
21	行业$_U$	809 637	500	−99.9	23 669	−97.1
22	行业$_V$	2 791 679	14 080	−99.5	31 363	−98.9
23	行业$_W$	4 406 363	54 872	−98.8	131 692	−97.0
24	行业$_X$	269 523	70 789	−73.7	73 789	−72.6
25	行业$_Y$	102 929	4 010	−96.1	8 910	−91.3
26	行业$_Z$	443 362	—	—	69 000	−84.4
27	行业$_{AA}$	97 341	—	—	—	—
28	行业$_{BB}$	54 407	—	—	—	—
29	行业$_{CC}$	163 364	155 781	−4.6	166 581	2.0
30	行业$_{DD}$	6 501	—	—	—	—

2. 产品产量

统计某区域规模以上企业产品产量数据与统计部门数据对比分析，共10个产品产量参与对比，产品$_C$、产品$_D$ 2个产品产量与统计数据基本接近；产品$_H$和产品$_J$

产量数据与统计数据差值超过 30%；有 6 个产品产量有统计数据，无普查数据，需进一步核实。详细信息见表 10-11。

表 10-11　普查产品产量与统计数据对比分析

序号	产品代码	统计部门规模以上企业产品产量数据/吨	规上企业产品产量普查数据/吨	差值比/%
1	产品$_A$	528 575	—	—
2	产品$_B$	187 957	—	—
3	产品$_C$	2 693 360	2 547 133	−5.4
4	产品$_D$	3 209 451	2 742 114.14	−14.6
5	产品$_E$	146 130	—	—
6	产品$_F$	9 142	—	—
7	产品$_G$	395 846	—	—
8	产品$_H$	68 316	460 000	573.3
9	产品$_I$	3 245	20	−99.4
10	产品$_J$	4 449 683	—	—

3. 能源消耗量

对某区域的能源消耗量与统计数据进行对比分析，行业$_F$ 与统计数据差异大（大于 80%），该行业的能源填报数据存在异常，需进一步核实。详细信息见表 10-12。

表 10-12　普查能源消耗量与统计数据对比分析

序号	行业类型代码	统计数据/吨标准煤	规上企业普查数据/吨标准煤	差值比/%
1	行业$_A$	100 472	53 785.9	−46.47
2	行业$_B$	3 757	1 364.5	−63.68
3	行业$_C$	6 270	2 332.8	−62.79
4	行业$_D$	64 372	40 508.1	−37.07
5	行业$_E$	3 754	3 237.98	−13.70
6	行业$_F$	62	1 993.62	3 115.50

对该行业的企业能源消耗量进行排序、筛选，发现该行业有 3 家企业能源使用量数据偏大，需进一步核实。详细信息见表 10-13。

表 10-13　排序法识别企业能源消耗量异常值

序号	企业代码	行业名称代码	主要能源消耗-原辅材料（能源名称）	主要能源消耗-使用量/万米³	吨标准煤折算值/吨标准煤	存在的问题
1	企业$_{AA}$	行业$_F$	天然气	25 220	306 423	大于统计数据中该大类行业的能源消耗量统计数据 62 吨标准煤
2	企业$_{BB}$	行业$_F$	天然气	55	668.3	
3	企业$_{CC}$	行业$_F$	天然气	105.450 8	1 281.2	

4．水耗

按照行业类别对某区域的取水量与统计数据进行对比分析，参与对比的行业共 21 个。有 2 个行业（行业$_I$、行业$_P$）取水量与统计数据较为接近；有 4 个行业（行业$_A$、行业$_K$、行业$_Q$、行业$_T$）取水量数据与统计数据差值超过 30%，取水量填报数据存在异常；有 15 个行业取水量有统计数据，无普查数据，需进一步核实。详细信息见表 10-14。

表 10-14　分行业普查取水量与统计数据对比分析

序号	行业名称代码	统计部门规模以上企业取水量/万米³	规模以上企业取水量普查数据/万米³	差值比/%
1	行业$_A$	28.1	10.349 7	−63.2
2	行业$_B$	13.333 5	—	—
3	行业$_C$	0.000 13	—	—
4	行业$_D$	6.389 6	—	—
5	行业$_E$	1.3	—	—
6	行业$_F$	0.925 5	—	—
7	行业$_G$	0.346 6	—	—
8	行业$_H$	1.239 9	—	—
9	行业$_I$	5.786 9	4.656 5	−19.5

序号	行业名称代码	统计部门规模以上企业取水量/万米^3	规模以上企业取水量普查数据/万米^3	差值比/%
10	行业$_J$	17.38	—	—
11	行业$_K$	6.329 5	84.707 1	1 238.3
12	行业$_L$	4.9	—	—
13	行业$_M$	8.5	—	—
14	行业$_N$	8.402	—	—
15	行业$_O$	2.260 5	—	—
16	行业$_P$	5.473 1	5.014 4	−8.4
17	行业$_Q$	11.883 2	2.23	−81.2
18	行业$_R$	4.245 6	—	—
19	行业$_S$	6.1	—	—
20	行业$_T$	7.100 8	997.633 3	13 949.6
21	行业$_U$	0.015 4	—	—

　　根据统计数据的对比分析结果,对存在异常的 4 个行业取水量进行排序、筛选,发现差值大的行业中有 4 家企业取水量数据异常,需进一步核实。结果见表 10-15。

表 10-15　排序法识别企业取水量异常值

企业代码	行业名称代码	企业规模	取水量/万米^3	存在的问题
企业$_{AA}$	行业$_T$	大型	997.6	大于统计数据中该行业取水量统计数据 7.1 万米^3
企业$_{BB}$	行业$_T$	小型	106.9	
企业$_{CC}$	行业$_K$	中型	82.5	大于统计数据中该行业取水量统计数据 6.3 万米^3
企业$_{DD}$	行业$_K$	小型	12	

第十一章　农业源普查数据审核

一、普查数量与清查数量对比

将某区域农业源普查数据库和普查单位基本名录库（清查定库名录库）进行匹配分析，规模化畜禽养殖场清查数量为 818 家，普查数量为 832 家，普查阶段增加了 173 家，减少了 161 家，见表 11-1。

表 11-1　农业源普查数量与清查数量对比　　　　　　　　　　单位：家

污染源类型	清查定库数量	入户填报数量	纳入清查而未入户填报数量（新增）	未纳入清查而新增入户填报数量（删除）
规模化畜禽养殖场	818	832	173	161

二、基表的审核原则和基本规则

基于国家普查办制定的《普查基层表式审核细则》，结合各地审核情况补充完善后确定的审核规则，对某区域 N101-1 表、N101-2 表 2 张基表进行了审核，发现至少出现一个指标填错或未填的有 159 家，占比为 19.1%（表 11-2），需进一步核实。

表 11-2　农业源基表审核情况统计

表格代码	填报的源数量/家	出现错误源数量/家	源错误率/%
N101-1	832	69	8.29
N101-2	1 593	96	6.03

三、关键指标的异常值筛选

（一）生猪养殖量

1. 直接排序法

对某区域养殖场生猪养殖量（存栏量、出栏量）进行排序，各乡镇中有 29 家养殖场生猪全年出栏量小于 500 头，需进一步核实，见表 11-3。

表 11-3　直接排序法识别养殖量异常值

序号	养殖场代码	圈舍建筑面积/米^2	生猪全年出栏量/头
1	场$_A$	5 229	0
2	场$_B$	17 820	0
3	场$_C$	2 900	0
4	场$_D$	960	0
5	场$_E$	—	0
...	...	...	...
26	场$_Z$	400	0
27	场$_{AA}$	1 600	0
28	场$_{BB}$	3 600	300
29	场$_{CC}$	1 600	200

对某区域生猪养殖场圈舍面积进行排序，各乡镇中有 32 家生猪养殖场圈舍面积填写为 0 或为空，需进一步核实，见表 11-4。

表 11-4　直接排序法识别圈舍面积异常值

序号	养殖场代码	圈舍建筑面积/米^2	生猪全年出栏量/头
1	场$_A$	—	0
2	场$_B$	—	30
3	场$_C$	—	0
4	场$_D$	—	420
5	场$_E$	—	—
...	...	...	...
29	场$_{AC}$	—	160
30	场$_{AD}$	—	500
31	场$_{AE}$	—	1 950
32	场$_{AF}$	—	32 000

2. 养殖量与栏舍面积匹配法

对某区域养殖场生猪养殖量与栏舍面积进行匹配分析,计算单位面积养殖量,对过大或过小数据需进行核实。如某区域90%的生猪养殖场,单位面积养殖量为0.2～2头/米^2,低于0.2头/米^{2}或高于2头/米^{2}的养殖场有259家,需进一步核实生猪出栏量或栏舍面积是否填写有误,见图11-1。

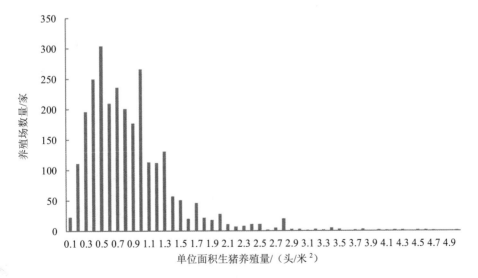

图 11-1　猪养殖量与栏舍面积匹配分析

3. 与统计数据进行对比

对某区域生猪出栏量普查数据与统计部门数据进行对比分析，除地$_F$生猪总量相差不大外，其余均相差较大。需进一步核实，见表 11-5。

表 11-5 生猪出栏量统计对比

地区代码	普查生猪出栏量/头	统计部门生猪出栏量/头	差值比/%
地$_A$	350 207	1 823 000	−80.79
地$_B$	284 089	1 604 132	−82.29
地$_C$	15 590	—	—
地$_D$	328 111	2 455 100	−86.64
地$_E$	177 078	837 500	−78.86
地$_F$	109 295	118 823	−8.02
地$_G$	775 668	2 475 837	−68.67
地$_H$	328 175	459 344	−28.56
地$_I$	14 930	—	—
地$_J$	1 818 496	1 273 788	42.76
地$_K$	337 478	766 392	−55.97
地$_L$	194 960	11 410	1 608.68
地$_M$	468 550	1 432 756	−67.30

（二）奶牛养殖量

1. 直接排序法

对某区域养殖场奶牛养殖量（存栏量、出栏量）进行排序，各乡镇中有 9 家奶牛场的存栏量小于 100 头，需进一步核实。对某区域奶牛养殖场圈舍面积进行排序，各乡镇中有 3 家奶牛场的栏舍面积和存栏量为空，需进一步核实，见表 11-6。

表 11-6　直接排序法识别奶牛养殖量异常值

养殖场代码	圈舍建筑面积/米^2	奶牛年末存栏量/头
场$_A$	1 800	67
场$_B$	1 215	30
场$_C$	1 170	60
场$_D$	800	85
场$_E$	2 000	55
场$_F$	8 000	67
场$_G$	3 000	65
场$_H$	1 500	80
场$_I$	500	78

2. 养殖量与栏舍面积匹配法

对某区域养殖场奶牛养殖量与栏舍面积进行匹配分析,计算单位面积养殖量,对过大或过小数据需进行核实。如图 11-2 所示,90%的奶牛养殖场,单位面积养殖量为 0.01～0.3 头/米^2,低于 0.01 头/米^2 或高于 0.3 头/米^2 的 24 家养殖场需进一步核实奶牛存栏量或栏舍面积是否填写有误。

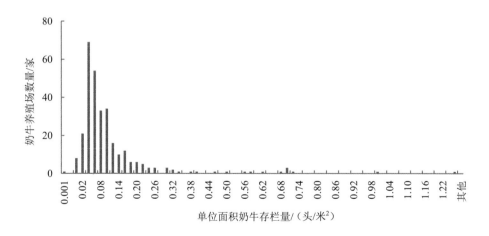

图 11-2　奶牛养殖量与栏舍面积匹配分析

3. 与统计数据进行对比

对某区域普查奶牛存栏量数据与统计部门数据进行对比分析，各地奶牛存栏量与统计数据差距均较大，需进一步核实，见表 11-7。

表 11-7　奶牛存栏量统计对比

地区代码	奶牛年末存栏量/头	统计奶牛年末存栏量/头	差值比/%
地$_A$	0	65	−100.00
地$_B$	35 634	180 513	−80.26
地$_C$	160	—	—
地$_D$	120	2 300	−94.78
地$_E$	0	430	−100.00
地$_F$	4 440	13 568	−67.28
地$_G$	36 374	117 643	−69.08
地$_H$	21 439	28 681	−25.25
地$_I$	1 700	—	—
地$_J$	33 316	89 753	−62.88
地$_K$	137	1 817	−92.46
地$_L$	2 730	6 626	−58.80
地$_M$	5 361	27 659	−80.62

（三）肉牛养殖量

1. 直接排序法

对某区域养殖场肉牛养殖量（存栏量、出栏量）进行排序，各乡镇中有 11 家肉牛的出栏量小于 50 头，需进一步核实，见表 11-8。

表 11-8　直接排序法识别肉牛养殖量异常值

养殖场代码	圈舍建筑面积/米²	肉牛全年出栏量/头
场A	0	0
场B	600	0
场C	1 000	0
场D	800	0
场E	300	15
场F	0	0
场G	1 200	0
场H	4 700	15
场I	400	10
场J	800	0
场K	559	30

对某区域肉牛养殖场圈舍面积进行排序，各乡镇中有 8 家肉牛养殖场的栏舍面积为 0 或空，6 家肉牛养殖场出栏量为 0 或空，需进一步核实，见表 11-9。

表 11-9　直接排序法识别圈舍面积异常值

养殖场代码	圈舍建筑面积/米²	肉牛全年出栏量/头
场A	—	—
场B	—	—
场C	—	—
场D	0	0
场E	—	—
场F	0	0
场G	0	70
场H	0	62

2. 养殖量与栏舍面积匹配法

对某区域养殖场肉牛养殖量与栏舍面积进行匹配分析，计算单位面积养殖量，对过大或过小数据需进行核实。如图 11-3 所示，90%的肉牛养殖场单位面积养殖量为 0.01～0.28 头/米²，低于 0.01 头/米² 或高于 0.28 头/米² 的 72 家养殖场需进一步核实肉牛出栏量或栏舍面积是否填写有误。

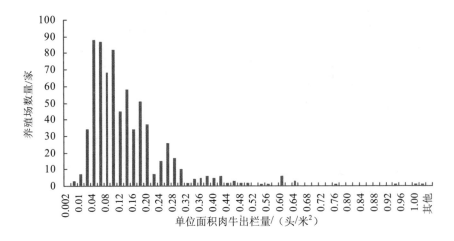

图 11-3   肉牛养殖量与栏舍面积匹配分析

3. 与统计数据进行对比

对某区域普查肉牛出栏量数据与统计部门数据进行对比分析，各地肉牛出栏量与统计数据差距均较大，需进一步核实，见表 11-10。

表 11-10   肉牛出栏量统计对比

地区代码	普查肉牛全年出栏量/头	统计肉牛全年出栏量/头	差值比/%
地A	3 935	62 500	−93.70
地B	11 690	220 140	−94.69
地C	160	—	—
地D	3 418	89 000	−96.16
地E	2 389	73 498	−96.75
地F	1 887	40 386	−95.33
地G	23 896	80 436	−70.29
地H	13 221	22 482	−41.19
地I	0	—	—
地J	10 712	63 916	−83.24
地K	4 169	51 402	−91.89
地L	2 500	10 936	−77.14
地M	8 366	42 768	−80.44

（四）蛋鸡养殖量

1. 直接排序法

对某区域养殖场蛋鸡养殖量（存栏量、出栏量）进行排序，各乡镇中有 42 家养鸡场蛋鸡存栏量小于 2 000 羽，37 家养鸡场蛋鸡存栏量填写为空，需进一步核实，见表 11-11。

表 11-11　直接排序法识别蛋鸡养殖量异常值

养殖场代码	圈舍建筑面积/米²	蛋鸡年末存栏量/羽
场A	6 600	1 000
场B	220	1 500
场C	560	1 500
场D	—	800
场E	—	1 400
……	……	……
场AM	200	1 200
场AN	500	1 000
场AO	200	400
场AP	50	1 000

对某区域蛋鸡养殖场圈舍面积进行排序，各乡镇中 65 家养鸡场栏舍面积为 0 或为空，需进一步核实，见表 11-12。

表 11-12　直接排序法识别圈舍面积异常值

养殖场代码	圈舍建筑面积/米²	蛋鸡年末存栏量/羽
场A	—	1 400
场B	—	1 800
场C	—	1 000
场D	—	0

养殖场代码	圈舍建筑面积/米²	蛋鸡年末存栏量/羽
场E		1 200
……	……	……
场BJ	0	30 000
场BK	0	50 000
场BL	0	20 000
场BM	0	2 200

2. 养殖量与栏舍面积匹配法

对某区域养殖场蛋鸡养殖量与栏舍面积进行匹配分析，计算单位面积养殖量，对过大或过小数据需进行核实。如图 11-4 所示，90%的蛋鸡养殖场单位面积养殖量小于 18 只/米²，高于 18 只/米²的 331 家养殖场需进一步核实蛋鸡存栏量或栏舍面积是否填写有误。

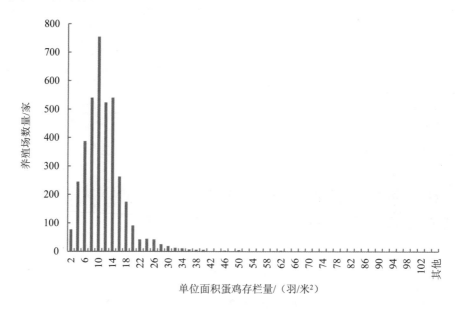

图 11-4 蛋鸡养殖量与栏舍面积匹配分析

3. 与统计数据进行对比

对某区域普查蛋鸡存栏量数据与统计部门数据进行对比分析，各地蛋鸡存栏量与统计数据差距均较大，需进一步核实，见表 11-13。

表 11-13　蛋鸡存栏量统计分析

地区代码	蛋鸡年末存栏量/羽	统计蛋鸡年末存栏量/羽	差值比/%
地$_A$	452 500	4 955 100	−90.87
地$_B$	3 746 976	7 497 700	−50.02
地$_C$	148 600	—	—
地$_D$	1 167 200	7 878 400	−85.18
地$_E$	3 716 878	8 281 130	−55.12
地$_F$	2 881 500	1 775 700	62.27
地$_G$	9 401 530	13 400 000	−29.84
地$_H$	2 913 175	4 780 000	−39.05
地$_I$	472 900	—	—
地$_J$	5 110 920	7 814 300	−34.60
地$_K$	1 015 250	3 099 700	−67.25
地$_L$	108 000	—	—
地$_M$	3 789 510	4 947 300	−23.40

（五）肉鸡养殖量

1. 直接排序法

对某区域养殖场肉鸡养殖量（存栏量、出栏量）进行排序，各乡镇中有 15 家养鸡场肉鸡出栏量小于 1 万羽，6 家养鸡场肉鸡出栏量为空，需进一步核实，见表 11-14。

表 11-14　直接排序法识别肉鸡养殖量异常值

养殖场代码	圈舍建筑面积/米^2	肉鸡全年出栏量/羽
场$_A$	0	0
场$_B$	0	0
场$_C$	2 600	0

养殖场代码	圈舍建筑面积/米^2	肉鸡全年出栏量/羽
场$_D$	—	0
场$_E$	—	0
场$_F$	—	0
场$_G$	—	8 000
场$_H$	1 200	800
场$_I$	2 000	8 000
场$_J$	0	0
场$_K$	638	0
场$_L$	1 280	0
场$_M$	350	2 500
场$_N$	150	2 000
场$_O$	750	0

对某区域肉鸡养殖场圈舍面积进行排序，各乡镇中有 15 家养鸡场栏舍面积为 0 或为空，需进一步核实，见表 11-15。

表 11-15　排序法识别肉鸡圈舍面积异常值

养殖场代码	圈舍建筑面积/米^2	肉鸡全年出栏量/羽
场$_A$	0	0
场$_B$	0	0
场$_C$	—	0
场$_D$	—	0
场$_E$	—	0
场$_F$	—	—
场$_G$	—	8 000
场$_H$	—	—
场$_I$	—	—
场$_J$	—	—
场$_K$	—	—
场$_L$	0	0
场$_M$	—	—
场$_N$	—	100 000
场$_O$	0	10 000

2. 养殖量与栏舍面积匹配法

对某区域养殖场肉鸡养殖量与栏舍面积进行匹配分析,计算单位面积养殖量,对过大或过小数据需进行核实。如图 11-5 所示,95%的肉鸡养殖场单位面积养殖量小于 80 羽/米 ^{2},高于 80 羽/米 ^{2} 的有 46 家养殖场,需进一步核实肉鸡存栏量或栏舍面积是否填写有误。

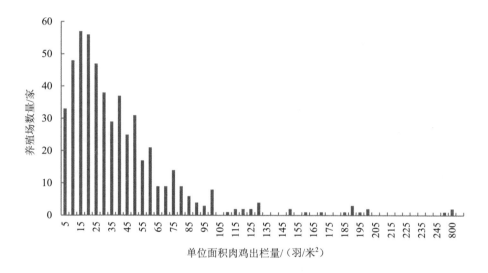

图 11-5 肉鸡养殖量与栏舍面积匹配分析

3. 与统计数据进行对比

对某区域普查肉鸡出栏量数据与统计部门数据进行对比分析,各地肉鸡出栏量与统计数据差距均较大,需进一步核实,见表 11-16。

表 11-16 肉鸡出栏量统计对比

地区代码	肉鸡全年出栏量/羽	统计肉鸡全年出栏量/羽	差值比/%
地$_A$	880 200	7 365 600	−88.05
地$_B$	2 573 000	10 223 900	−74.83
地$_C$	35 200	—	0
地$_D$	252 800	9 051 800	−97.21

地区代码	肉鸡全年出栏量/羽	统计肉鸡全年出栏量/羽	差值比/%
地E	5 673 546	27 791 779	−79.59
地F	359 000	1 611 200	−77.72
地G	10 633 000	15 880 000	−33.04
地H	3 968 550	7 010 000	−43.39
地I	100 000	——	0
地J	3 181 350	6 349 500	−49.90
地K	116 935	3 845 100	−96.96
地L	0	——	0
地M	566 400	539 550	4.98

（六）种植业数据

1. 耕地面积

对某区域普查耕地面积与统计部门数据进行对比分析，如表 11-17 所示，地A、地H、地K 3 个地区普查的耕地面积数据与统计数据相差较大。

表 11-17　耕地面积统计对比

地区代码	统计常用耕地面积/亩①	普查耕地面积/亩	差值比/%
地A	2 929 800	3 230 687	10.27
地B	4 417 350	4 543 526.5	2.86
地C	368 550	368 596	0.01
地D	3 153 150	3 174 491.55	0.68
地E	2 005 950	2 005 940	0
地F	1 027 650	1 020 648	−0.68
地G	7 316 850	7 132 944	−2.51
地H	3 744 450	10 691 648.15	185.53
地I	4 779 300	4 709 367	−1.46
地J	3 831 600	4 053 791	5.80
地K	77 850	58 800	−24.47
地L	11 824 500	12 279 277	3.85

---

① 1 亩≈666.7 米²。

2．园地面积

对某区域普查园地面积与统计部门数据进行对比分析，如表 11-18 所示，地$_A$、地$_H$ 2 个地区普查园地面积与统计数据相差较大。

表 11-18　园地面积统计对比

地区代码	统计园地面积/亩	普查园地面积/亩	差值比/%
地$_A$	1 976 025	2 117 954	7.18
地$_B$	1 192 560	1 203 268	0.90
地$_C$	99 240	96 775	−2.48
地$_D$	1 718 955	1 748 038.95	1.69
地$_E$	545 550	556 667	2.04
地$_F$	915 675	898 957	−1.83
地$_G$	3 146 985	3 035 276	−3.55
地$_H$	942 105	1 087 577.18	15.44
地$_I$	4 064 070	4 041 537	−0.55
地$_J$	4 627 635	4 619 755	−0.17
地$_K$	19 050	19 050	0
地$_L$	4 080 960	4 089 843	0.22

（七）种植业

1．水稻产量

对比分析某区域普查水稻产量与统计部门数据，如表 11-19 所示，地$_B$、地$_C$、地$_G$ 3 个地区普查水稻产量与统计数据差别较大，需进一步核实。

表 11-19　水稻产量统计对比

地区代码	统计稻谷产量/吨	普查水稻产量/吨	差值比/%
地$_A$	203 000	202 971	−0.01
地$_B$	900	1 355	50.56
地$_C$	900	0	−100.00
地$_D$	509 200	509 208	0
地$_E$	2 300	2 320	0.87
地$_F$	0	0	0
地$_G$	4 800	3 900	−18.75
地$_H$	400	371.6	−7.10
地$_I$	0	0	0
地$_J$	3 800	3 566	−6.16
地$_K$	0	0	0
地$_L$	7 000	7 097.55	1.39

2. 小麦产量

对比分析某区域普查小麦产量与统计部门数据，如表 11-20 所示，地$_I$、地$_J$ 2 个地区普查小麦产量与统计数据相差较大，需进一步核实。

表 11-20　小麦产量统计对比

地区代码	统计小麦产量/吨	普查小麦产量/吨	差值比/%
地$_A$	126 300	126 028	−0.22
地$_B$	806 800	818 375	1.43
地$_C$	37 900	37 910	0.03
地$_D$	140 800	140 745	−0.04
地$_E$	133 800	133 833	0.02
地$_F$	72 500	72 453	−0.06
地$_G$	1 140 100	1 216 154.95	6.67
地$_H$	979 800	920 956.4	−6.01
地$_I$	884 300	1 080 062	22.14
地$_J$	9 900	12 742.95	28.72
地$_K$	9 600	9 640	0.42
地$_L$	5 100	5 057	−0.84

3．玉米产量

对比分析某区域普查玉米产量与统计部门数据，如表 11-21 所示，地$_I$普查玉米产量与普查相差较大，需进一步核实。

表 11-21　玉米产量统计对比

地区代码	统计玉米产量/吨	普查玉米产量/吨	差值比/%
地$_A$	251 100	249 750	−0.54
地$_B$	575 100	553 337	−3.78
地$_C$	22 600	22 617	0.08
地$_D$	215 100	215 076	−0.01
地$_E$	259 000	258 974	−0.01
地$_F$	160 000	159 984	−0.01
地$_G$	914 100	985 255.9	7.78
地$_H$	853 600	817 836.1	−4.19
地$_I$	710 000	864 105	21.70
地$_J$	462 800	443 431.2	−4.19
地$_K$	9 700	9 730	0.31
地$_L$	788 400	779 379	−1.14

4．大豆产量

对比分析某区域普查大豆产量与统计部门数据，如表 11-22 所示，地$_H$、地$_I$、地$_J$ 3 个地区普查大豆产量与统计数据差异较大，需进一步核实。

表 11-22　大豆产量统计对比

地区代码	统计大豆产量/吨	普查大豆产量/吨	差值比/%
地$_A$	19 600	19 556	−0.22
地$_B$	15 300	14 229.2	−7.00
地$_C$	800	840	5.00
地$_D$	18 000	18 032	0.18
地$_E$	33 000	33 196	0.59

地区代码	统计大豆产量/吨	普查大豆产量/吨	差值比/%
地F	3 300	3 284	−0.48
地G	17 900	16 579.1	−7.38
地H	12 800	14 454.2	12.92
地I	11 900	9 644	−18.96
地J	53 200	60 295.2	13.34
地K	0	0	0
地L	94 500	89 254	−5.55

5. 棉花产量

对比分析某区域普查棉花产量与统计部门数据，如表 11-23 所示，地B、地G、地I 3 个地区普查棉花产量与统计数据差异较大，需进一步核实。

表 11-23 棉花产量统计对比

地区代码	统计棉花产量/吨	普查棉花产量/吨	差值比/%
地A	27	27	0
地B	47	33	−29.79
地C	121	121	0
地D	53	53	0
地E	2	2	0
地F	0	0	0
地G	21 980	13 577	−38.23
地H	239	228.55	−4.37
地I	8	1 975	24 587.50
地J	773	754	−2.46
地K	0	0	0
地L	134	134	0

6. 油菜产量

对比分析某区域普查油菜产量与统计部门数据，如表 11-24 所示，地H、地I、地J 3 个地区普查油菜产量与统计数据差异较大，需进一步核实。

表 11-24　油菜产量统计对比

地区代码	统计油菜产量/吨	普查油菜产量/吨	差值比/%
地$_A$	121 255	120 638	−0.51
地$_B$	16 399	16 631.4	1.42
地$_C$	1 500	1 500	0
地$_D$	178 172	178 172	0
地$_E$	9 599	9 599	0
地$_F$	7 591	7 591	0
地$_G$	36 531	34 756.56	−4.86
地$_H$	8 607	7 598	−11.72
地$_I$	46 785	60 415	29.13
地$_J$	7 292	8 545.1	17.18
地$_K$	64	64	0
地$_L$	478	4 087	755.02

7．花生产量

对比分析某区域普查花生产量与统计部门数据，如表 11-25 所示，地$_H$普查花生产量与统计数据相差较大，需进一步核实。

表 11-25　花生产量统计对比

地区代码	统计花生产量/吨	普查花生产量/吨	差值比/%
地$_A$	21 366	21 229	−0.64
地$_B$	20	20	0
地$_C$	61	61	0
地$_D$	12 926	12 694	−1.79
地$_E$	15 531	15 879	2.24
地$_F$	—	0	0
地$_G$	27 809	28 435	2.25
地$_H$	492	1 002.6	103.78
地$_I$	298	298	0
地$_J$	5 081	4 938.6	−2.80
地$_K$	—	0	0
地$_L$	24 406	25 058	2.67

（八）水产

对比分析某区域普查水产产量与统计部门数据，如表 11-26 所示，每个地区普查水产产量均与统计数据有较大差异，特别是地$_G$，需进一步核实。

表 11-26　水产产量统计对比

地区代码	统计水产产量/吨	普查水产产量/吨	差值比/%
地$_A$	45 130	11 131.45	−75.33
地$_B$	8 002	5 865.8	−26.70
地$_C$	1 050	800	−23.81
地$_D$	42 625	36 590.9	−14.16
地$_E$	4 266	2 864.1	−32.86
地$_F$	1 405	1 074.85	−23.50
地$_G$	48 305	185 549.91	284.12
地$_H$	13 832	11 417	−17.46
地$_I$	8 360	5 689.6	−31.94
地$_J$	3 062	2 720.3	−11.16
地$_K$	8 910	4 958.6	−44.35

第十二章 其他源普查数据审核

一、集中式污染治理设施

（一）普查数量与清查数量对比

将某区域集中式污染治理设施普查数据库和普查单位基本名录库（清查定库名录库）进行匹配分析，如表 12-1 所示，集中式污水处理厂清查数量为 104 家，普查数量为 114 家，普查阶段较清查阶段多了 10 家；生活垃圾集中处置场（厂）清查数量为 23 家，普查数量为 26 家，普查阶段较清查阶段多了 3 家；危险废物集中处理处置场（厂）清查数量为 2 家，普查数量为 3 家，普查阶段较清查阶段多了 1 家。

表 12-1　集中式污染治理设施普查数量与清查数量对比　　　　　单位：家

污染治理设施类型	清查定库数量	入户填报数量	纳入清查而未入户填报数量（新增）	未纳入清查而新增入户填报数量（删除）
集中式污水处理厂	104	114	52	42
生活垃圾集中处置场（厂）	23	26	5	2
危险废物集中处理处置场（厂）	2	3	1	0

（二）基表的审核原则和基本规则

基于《普查基层表式审核细则》，结合各地审核情况补充完善后确定的审核规则，对某区域集中式的 J101-1 表～J104-3 表的 10 张基表进行了审核，发现至少出现一项指标填错或未填的企业有 109 家，占比为 76.2%，需进一步核实，见表 12-2。

表 12-2　集中式污染治理设施普查基表审核情况统计

表格代码	填报的源数量/家	出现错误源数量/家	源错误率/%
J101-1	114	59	51.75
J101-2	114	13	11.40
J101-3	116	26	22.41
J102-1	26	13	50.00
J102-2	26	20	76.92
J103-1	3	2	66.67
J103-2	3	2	66.67
J104-1	26	1	3.85
J104-2	28	0	0
J104-3	28	1	3.57

（三）关键指标异常值筛选

1. 排序法识别异常值

对某区域内的各集中式污染治理设施按污水处理厂、垃圾处理场（厂）和危险废物集中处置场（厂）分别排序、筛选异常值。如通过对某区域内污水处理厂污水处理量、污泥产生量进行排序后，筛选出 6 家存在数据异常，干污泥产生量未填写的单位，需要进一步核实，见表 12-3。

表 12-3　排序法识别污水处理量与污泥产生量异常值

单位代码	污水实际处理量/万米³	干污泥产生量/吨
厂A	6.35	未填写
厂B	0.5	
厂C	3.75	
厂D	2.55	
厂E	2.55	
厂F	4.1	

2. 行业平均值对比审核

对某区域内相同处理工艺的污水处理厂污染物产生强度或排放强度（如处理吨污水产生的污泥量、处理吨污水的耗电量等）进行排序比较，筛选出偏高或者偏低的普查对象。通过对比某区域各污水处理厂单位污水处理量耗电量平均值，筛选出 1 家异常单位厂Y，需进一步核实，见表 12-4。

表 12-4　单位污水处理量的耗电量行业平均值识别异常值

单位代码	用电量/万千瓦·时	污水实际处理量/万米³	单位污水处理量耗电量/[万米³/（万千瓦·时）]
厂A	198.25	995.10	0.20
厂B	64.28	299.11	0.21
……	……	……	……
厂Y	1 268 000	725.71	1 747.25

通过对比某区域各污水处理厂单位污水处理量的污泥产生量平均值，筛选出 4 家异常单位，需进一步核实，具体见表 12-5。

表 12-5　单位污水产生污泥量行业平均值识别异常值

单位代码	污水实际处理量/万米³	干污泥产生量/吨	单位污水产生污泥量/（万米³/吨）	存在问题
厂A	8.48	5	0.59	污泥产量偏低或污水处理量偏高
厂B	36.95	32	0.87	—
厂C	33.04	30	0.91	—
厂D	995.1	1 018	1.02	—
...	...	...	...	
厂W	26.90	39	1.45	
厂X	53.94	174	3.23	污泥产量偏高或污水处理量偏低
厂Y	16.58	106	6.39	
厂Z	1.38	50	36.23	

二、非工业企业单位锅炉

依据燃料类型对某区域非工业企业单位锅炉的燃料消耗量进行排序，筛选出厂A、厂F 2 家异常单位，需核实是否存在量级填报错误等问题。见表 12-6。

表 12-6　排序法识别生活源锅炉燃料消耗量异常值

单位代码	拥有锅炉数量/台	锅炉类型	额定出力/（吨/小时）	锅炉燃烧方式	年运行时间	燃料类型	燃料消耗量
厂A	1		0.5		2		0.7 万米³
厂B	2		1.5		12		17 吨
厂C	2	R3 燃气锅炉	1.5	RQ01 室燃炉	12	205 天然气	17 吨
厂D	1		2		10		10 吨
厂E	1		1		12		8.3 吨
厂F	1		1.3		12		0.9 吨

三、入河（海）排污口

（一）填报对象审核

对某地区入河（海）排污口的类别、规模、类型进行筛选，发现有 98 个排污口类别、规模、类型未填写，需进一步核实，见表 12-7。

表 12-7　入河（海）排污口异常值识别

序号	排污口代码	排污口类别	排污口规模	排污口类型
1	口$_A$	入河排污口	2|规模以下	2|生活污水排污口
2	口$_B$	入河排污口	2|规模以下	2|生活污水排污口
3	口$_C$	—	—	—
4	口$_D$	—	—	—
5	口$_E$	—	—	—
……	……	—	—	—
99	口$_{CU}$	—	—	—
100	口$_{CV}$	—	—	—

根据相关要求，受纳水体均应为本地水体，应与发布的名称一致，经筛选某地区入河（海）排污口的受纳水体，发现有 98 个入河（海）排污口受纳水体代码未填写，需进一步核实，见表 12-8。

表 12-8　受纳水体异常值识别

序号	排污口代码	受纳水体名称	受纳水体代码
1	口$_A$	××河	F3AA2DA0000P
2	口$_B$	××河	F3AA2DA0000P
3	口$_C$	××河	—
4	口$_D$	××河	—
……	……	……	—
99	口$_{CU}$	××河	—
100	口$_{CV}$	××河	—

　　污水处理厂排污口属于混合类，主要排放工业废水的排污口应选择工业类，可通过排污口名称、设置单位进行识别和判断。经筛选某地区排污口类型，发现5家单位排污口类型疑似选择错误，需要进一步核实，见表12-9。

表 12-9　排污口类型异常值识别

序号	排污口名称	设置单位	存在问题
1	A市政生活污水排污口	×××化工有限公司	
2	B市政生活污水排污口	×××印染实业有限公司	
3	C市政生活污水排污口	×××科技有限公司	疑似为工业企业排放口
4	D市政生活污水排污口	×××纸厂	
5	E工业入河排污口	×××微污站	疑似为污水处理厂排污口

　　排污口监测时间应精确至小时，填写实施采样的201×年××月××日××时，以显示一天3次的具体监测时间。经筛选某地区入河（海）排污口监测结果，发现有5个排污口的监测时间填写不规范，需进一步核实，见表12-10。

表 12-10 监测时间异常值识别

排污口名称	已有监测结果（3月20日之前）-枯水期-监测时间1	已有监测结果-枯水期-监测时间2	已有监测结果-枯水期-监测时间3	已有监测结果-丰水期-监测时间1	已有监测结果-丰水期-监测时间2	已有监测结果-丰水期-监测时间3
A 市政生活污水排污口	2018-05-27	2018-05-12	2018-05-27	2018-09-15	2018-09-12	2018-09-16
B 市政生活污水排污口	2018-05-30	2018-05-30	2018-12-31	2018-09-15	2018-09-15	2018-09-16
C 工业入河排污口	2018-05-27	2018-05-27	2018-05-12	2018-09-15	2018-09-15	2018-09-16
D 市政生活污水排污口	2018-05-30	2018-05-12	2018-05-30	—	—	—
E 工业入河排污口	2018-05-27	2018-05-27	2018-05-28	2018-09-15	2018-09-12	2018-09-16

（二）关键指标异常值筛选

对某地区各排污口主要污染物浓度监测数据进行排序，生活污水 COD 浓度一般为 100～700 毫克/升，BOD_5 浓度一般为 50～300 毫克/升，$NH_3\text{-}N$ 浓度一般为 10～70 毫克/升，BOD_5 和 COD 的比值（B/C 比）一般为 0.3～0.7，识别水质浓度过低或者过高的异常数据。经筛选，发现有 9 个排污口污染物浓度监测数据存在异常，需要进一步核实，见表 12-11。

表 12-11 排序法识别污染物浓度监测数据异常值

排污口名称	已有监测结果-枯水期-COD 浓度/（毫克/升）	已有监测结果-丰水期-COD 浓度/（毫克/升）	已有监测结果-枯水期-BOD_5 浓度/（毫克/升）	已有监测结果-丰水期-BOD_5 浓度/（毫克/升）	已有监测结果-枯水期-$NH_3\text{-}N$ 浓度/（毫克/升）	已有监测结果-丰水期-$NH_3\text{-}N$ 浓度/（毫克/升）
A 工业入河排污口	12	8	5.5	1.9	11.7	7.69
B 市政生活污水排污口	13	16	2.2	6.4	1.57	8.28
C 市政生活污水排污口	17	14	7.6	3.9	0.874	0.643
D 市政生活污水排污口	17	34	6.8	14.3	6.01	8.21

排污口名称	已有监测结果-枯水期-COD 浓度/(毫克/升)	已有监测结果-丰水期-COD 浓度/(毫克/升)	已有监测结果-枯水期-BOD$_5$浓度/(毫克/升)	已有监测结果-丰水期-BOD$_5$浓度/(毫克/升)	已有监测结果-枯水期-NH$_3$-N浓度/(毫克/升)	已有监测结果-丰水期-NH$_3$-N浓度/(毫克/升)
E 市政生活污水排污口	32	19	12.5	4.9	11.2	3.69
F 工业入河排污口	53	62	24.1	25.7	2.88	0.545
G 市政生活污水排污口	58	—	23.2	—	17.2	—
H 市政生活污水排污口	70	14	28.8	2.4	28.8	7.14
I 市政生活污水排污口	75	36	31.2	15.4	24.2	11

第四篇

普查数据综合评估案例

第十三章　清查数据评估案例

一、扣分指标选取

扣分指标选取考虑了以下原则:

(1) 本着突出重点的原则,筛选指标侧重工业源和农业源,同时兼顾了集中式污染治理设施、入河(海)排污口和伴生放射性矿企业等指标。

(2) 根据数据分析结果选取各类源中相关度高、共性问题多的指标,剔除无问题指标。

(3) 简化指标,对于各地均无问题或者仅个别地区存在问题,且通过沟通分析能合理解释,存在问题较小的指标,只进行分析说明,不纳入扣分指标体系。

以某地区为例,综合以上扣分指标选取原则,发现 38 项指标中,有 17 项指标相关度不高,无法反映该地区问题,对比分析无意义,故选择能突出该地区重点问题的 21 项指标作为评估指标,进行清查结果审核评估的扣分分析。21 项扣分指标如下:

(1) 工业源指标中 11 项扣分(含伴生放射性矿企业),分别为"一污普"工业源数量、统计部门 BCD 类行业企业数量、近十年 BCD 行业固定资产投资、工业增加值、农副食品加工业、印刷和记录媒介复制业、黑色金属冶炼及压延加工业、非金属矿物制品业、造纸和纸制品业、城市,2 项只评价不扣分;

（2）农业源指标中 7 项扣分，其中分畜禽品种数据汇总为一个直连直报总数指标，其余为生猪出栏量、猪肉产量、牛奶产量、肉牛出栏量、牛肉产量、禽蛋产量；

（3）集中式污染治理设施指标 2 项扣分，分别为中国污水处理工程网数据、"一污普"垃圾处理厂数量，4 项只评价不扣分；

（4）入河（海）排污口指标 1 项扣分，为清查污水处理厂与工业废水治理设施数量，1 项只评价不扣分；

（5）生活源锅炉 5 项指标只评价不扣分。

二、评估结果

按照清查数据评估方法，对该地区工业源（含伴生放射性矿）、农业源、集中式污染治理设施、入河（海）排污口等项的清查数据进行对比分析，按照扣分分类等级，经综合扣分法，得到各类源扣分情况，具体如下：

1. 工业源（含伴生放射性矿）

工业源扣分为 35 分，该地区工业源清查数据问题见表 13-1。

表 13-1　工业源清查数据评分

省（自治区、直辖市）	参照指标											总扣分
	"一污普"数量	BCD数量	固定资产投资	工业增加值	农副食品加工业	印刷和记录媒介复制业	黑色金属冶炼及压延加工业	非金属矿物制品业	造纸和纸制品业	城市	伴生放射性矿	
×××	0	0	−10	−5	−5	−5	−5	0	−5	0	0	−35

（1）工业源清查企业数量与近十年 BCD 行业固定资产投资重度不匹配，该地区近十年 BCD 行业固定资产投资占比为 7.5%，工业源清查企业数量占比仅为 3.3%，相差较大，见图 13-1。

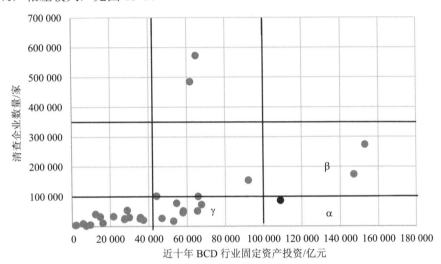

图 13-1 工业源清查企业数量与近十年 BCD 行业固定资产投资匹配分析

（2）工业源清查企业数量与工业增加值轻度不匹配，该地区工业增加值占比为 6%，工业源清查企业数量占比仅为 3.3%，相差较大，见图 13-2。

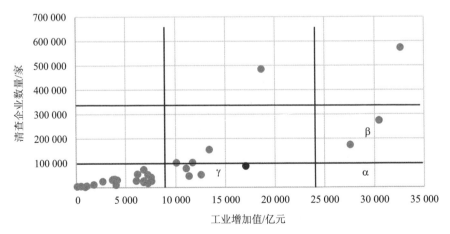

图 13-2 工业源清查企业数量与工业增加值匹配分析

（3）农副食品加工业清查企业数量与工业销售产值轻度不匹配，农副食品加工业工业销售产值占比为 9.5%，该行业清查企业数量仅占 4.8%，相差较大，见图 13-3。

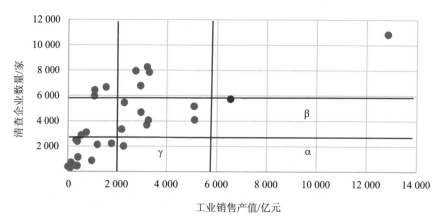

图 13-3 农副食品加工业清查企业数量与工业销售产值匹配分析

（4）印刷和记录媒介复制业清查企业数量与工业销售产值轻度不匹配，印刷和记录媒介复制业工业销售产值占比为 6.9%，而该行业清查企业数量占比仅为 2.6%，相差较大，见图 13-4。

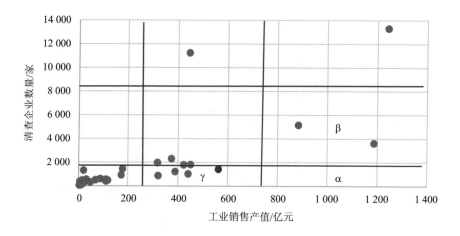

图 13-4 印刷和记录媒介复制业清查企业数量与工业销售产值匹配分析

（5）黑色金属冶炼及压延加工业清查企业数量与工业销售产值轻度不匹配，黑色金属冶炼及压延加工业工业销售产值占比为 6%，而该行业清查企业数量占比为 4%，见图 13-5。

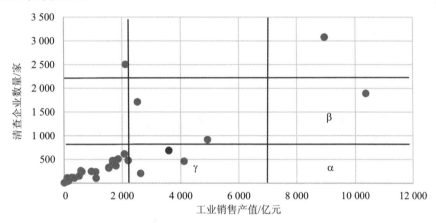

图 13-5　黑色金属冶炼及压延加工业清查企业数量与工业销售产值匹配分析

（6）造纸和纸制品业清查企业数量与工业销售产值轻度不匹配，造纸和纸制品业工业销售产值占比为 7.3%，而该行业清查企业数量占比仅为 2.7%，相差较大，见图 13-6。

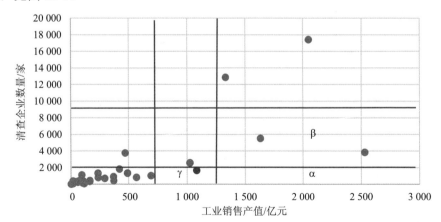

图 13-6　造纸和纸制品业清查企业数量与工业销售产值匹配分析

2. 农业源

农业源扣分为 10 分，具体情况见表 13-2。

表 13-2　农业源清查数据评分

省（自治区、直辖市）	参照指标							总扣分
	直联直报总数	生猪出栏量	猪肉产量	牛奶产量	牛出栏量	牛肉产量	禽蛋产量	
×××	0	−5	−5	0	0	0	0	−10

该地区清查农业源数据问题如下：

（1）生猪养殖场清查数量与统计部门生猪出栏量轻度不匹配。该地区生猪养殖场平均生猪出栏量为 0.88 万头，是相同水平地区单位生猪养殖场生猪出栏量平均值（0.41 万头）的 2 倍多，见图 13-7。

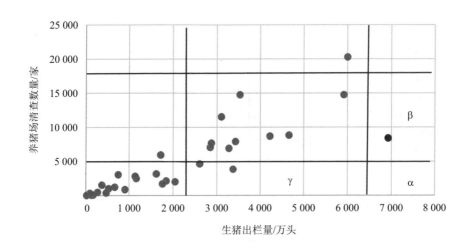

图 13-7　生猪养殖场清查数量与生猪出栏量匹配分析

（2）生猪清查数量与统计部门猪肉产量轻度不匹配。该地区生猪养殖场平均猪肉产量为 0.074 万吨，是相同水平地区单位生猪养殖场猪肉产量平均值（0.045 万吨）的 1.6 倍，见图 13-8。

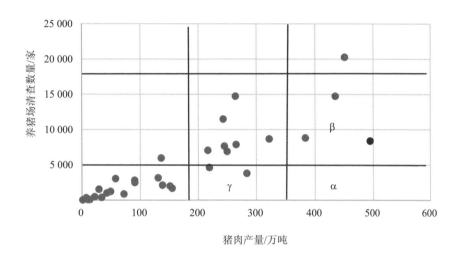

图 13-8　生猪养殖场清查数量与猪肉产量匹配分析

3. 集中式污染治理设施

集中式污染治理设施扣分为 10 分，问题为生活垃圾处理设施清查数量与"一污普"查数据重度不匹配，生活垃圾处理厂清查数据比"一污普"生活垃圾处理厂数量少 45 家，与该地区社会经济发展情况严重不符，见表 13-3。

表 13-3　集中式污染治理设施评分

省（自治区、直辖市）	参照指标		总扣分
	中国污水处理工程网	"一污普"垃圾处理厂	
×××			−10
	0	−10	

4. 入河（海）排污口

入河（海）排污口扣分为 5 分，问题是清查排污口总数与清查集中式污水处理设施和工业废水治理设施数量轻度不匹配，清查入河（海）排污口数量仅为清查集中式污水处理设施和工业废水治理设施数量的 2/5，比例低于相同发展水平地区的比例平均值（2/3），见表 13-4。

表 13-4　入河（海）排污口评分

省（自治区、直辖市）	参照指标	扣分
	清查污水处理厂与工业废水治理设施数量	
×××		−5
	−5	

5. 总得分

经计算该地区总扣分为 60 分，具体扣分情况见表 13-5。

百分制得分：$\dfrac{210-60}{210}\times100=71.4$

三、整改措施

该地区下一步需从以下几方面进行整改。

1. 工业源

（1）全行业排查：统计上报的行业类别，对照《国民经济行业分类》，查看是否存在产生污染而未上报的行业。

（2）全乡镇排查：统计上报污染源的乡镇、街道区划个数，对未上报的乡镇、街道进行排查和说明。核实每个乡镇是否均包括 5 类源，对包含不全的进行重点审核。

表 13-5　地区总得分评分表

源类型	参考指标	问题程度	单项扣分	各类源扣分	总扣分
工业源	"一污普"BCD数量		0	-35	-60
工业源	固定资产投资		-10		
工业源	工业增加值		-5		
工业源	农副食品加工业		-5		
工业源	印刷和记录媒介复制业		-5		
工业源	黑色金属冶炼及压延加工工业		-5		
工业源	非金属矿物制品业		0		
工业源	造纸和纸制品业		-5		
工业源	城市		0		
工业源	伴生放射性矿		0		
工业源	直联直报总数		0		
农业源	生猪出栏量		-5	-10	
农业源	猪肉产量		-5		
农业源	牛奶产量		0		
农业源	牛出栏量		0		
农业源	牛肉产量		0		
农业源	禽蛋产量		0		
集中式污染治理设施	中国污水处理工程网		0	-10	
集中式污染治理设施	"一污普"垃圾处理厂		-10		
入河（海）排污口	清查污水处理厂与工业废水治理设施数量		-5	-5	

（3）核实部分地市一些特色或相对集中产业，是否存在企业规模小而未纳入普查范围的现象。

（4）对出现轻度不匹配的四大行业（农副食品加工业、印刷和记录媒介复制业、黑色金属冶炼及压延加工业、造纸和纸制品业）进行梳理，发现遗漏的及时增补。

2. 农业源

将农业源清查结果与农业农村部直联直报数据进行对比分析，对存在于农业农村部直联直报系统而未纳入普查范围的规模化畜禽养殖场进行逐一核实。

3. 集中式污染治理设施

进一步核实已建成暂停运行的集中式污染处理设施是否纳入普查，核实农村集中式污染治理设施是否纳入普查。

4. 入河（海）排污口

认真分析废水排放去向：是直接排放、集中排放，还是多设施混合排放，或者是其他去向。

第十四章　普查数据评估案例

对某地区基本信息与产业活动水平普查数据进行评估打分，各类源打分情况如下。

一、工业源

工业源普查数据审核得分为 80 分，其中：

（1）清查整改工作评估得分为 10 分，该地区对下辖各级行政区域范围内的全部工业企业和产业活动单位清查数据开展了自查自审，将普查数据中工业源的名称、企业代码（统一社会信用代码、组织机构代码）与 2017 年已发放排污许可证的排污单位以及 2018 年重点排污单位名单的名称、代码（统一社会信用代码、组织机构代码）进行匹配对比，核查了国家集中会审反馈问题，进行了普查对象名录库比对，形成《×××工业污染源清查数据自查报告》，并按照审核结果开展了整改。

（2）普查对象数量审核得分为 8 分，其中行政区覆盖度审核为 4.5 分，在 10 个乡镇街道中有 1 个街道未上报；行业覆盖度为 3.5 分，在 20 个行业中有 6 个行业（C19、C25、C43、D44、D45、D46）未上报。

（3）基本信息与生产活动水平汇总数据审核得分为 50 分，该区域内共有普查对象 3 407 个，普查表出现异常或错误的普查对象有 569 个，差错率为 16.7%，具体见表 14-1。

表 14-1　工业源错误汇总

表格代码	错误率	该表格的漏填数量	存在的问题
G101-1	8.36%	—	填报行政区划的代码、名称与《统计用区划和城乡划分代码》的代码、名称不匹配；含挥发性有机物原辅材料使用的企业未正确勾选
G101-2	10.13%	10	运行企业未填写实际产量或产量为 0
G101-3	8.57%	12	原辅材料代码、使用量、使用量单位未填写
G102	8.62%	—	排入污水处理厂/企业名称与清查名录库名称不匹配、废水总排口编号填写不规范
G103-1	8.51%	—	燃料低位发热量未填
G103-2	17.26%	—	燃料低位发热量未填
G103-4	100%	—	铁矿石含硫量未填
G103-5	80.00%	—	煤气低位发热量填写不符合要求；高炉矿槽排放口、高炉排放口相关信息未填写
G103-6	50.00%	—	电炉烟气排放口编号及坐标未填写
G103-7	0	—	—
G103-8	60.00%	—	加热物料、燃料类型、燃料消耗量等未填写
G103-9	30.00%	—	原料名称填写错误
G103-10	30.77%	—	物料代码填写不符合要求
G103-11	15.35%	—	含挥发性有机物的原辅材料填写为"其他"的未注明
G103-12	13.51%	—	堆场物料类型填写为"其他"的未注明
G103-13	3.92%	2	脱硫、脱硝、除尘、挥发性有机物处理设施数量未填写
G104-1	21.35%	1	综合利用能力未填写
G104-2	3.98%	1	危险废物自行综合利用/处置能力未填写
G105	8.48%	—	企业环境风险等级未填写
G106-1	13.76%	4	产品产量、原料/燃料用量未填写
G106-2	95.63%	—	对应的普查表号未填写
G106-3	0.13%	—	平均流量、年排放时间未填写

（4）与统计数据的对比分析得分为 12 分，参评指标共 55 项，其中与统计部门数据差异较大的指标有 22 项。

二、农业源

农业源普查数据审核得分为 70 分，其中：

（1）清查整改工作评估得分为 10 分，该地区对下辖各级行政区域范围内的规模化畜禽养殖场清查数据开展了自查自审，将普查数据中规模化畜禽养殖场的名称、代码（统一社会信用代码、组织机构代码）与 2018 年重点排污单位名单进行匹配分析，查漏补缺。核查了国家集中会审反馈的问题，进行了普查对象名录库比对，形成《×××农业污染源清查数据自查报告》，并按照审核结果开展了整改。

（2）普查对象数量审核得分为 6 分，在 10 个乡镇街道中有 4 个街道未上报。

（3）基本信息与生产活动水平汇总数据审核得分为 44 分，该区域内共有普查对象数量为 2 044 个，普查表出现异常或错误的普查对象有 546 个，差错率为26.7%，具体见表 14-2。

表 14-2　农业源错误汇总

表格代码	错误率	主要问题类型
N101-1	25.29%	普查自编码错误、县级名称错误、养殖场是否有锅炉未填写
N101-2	16.03%	农田面积与大田作物、蔬菜、经济作物、果园面积关系效验失败；大田作物面积与小麦、玉米、水稻等作物面积关系效验失败

（4）与统计数据的对比分析得分为 10 分，参评指标共 12 项，其中与统计部门数据差异较大的指标有 6 项。

三、生活源（非工业企业单位锅炉除外）

生活源（非工业企业单位锅炉除外）普查数据审核得分为 90 分，其中：

（1）清查整改工作评估得分为 10 分，该地区对下辖各级行政区域范围内的生活源锅炉清查数据开展了自查自审，并按照审核结果开展了整改。核查了国家集中会审反馈的问题，进行了普查对象名录库比对，形成《×××生活污染源清查数据自查报告》，并按照审核结果开展了整改。

（2）普查对象数量审核得分为 7 分，在 10 个乡镇街道中有 3 个街道未上报。

（3）基本信息与生产活动水平汇总数据审核得分为 56 分，该区域内共有普查对象 681 个，普查表出现异常或错误的普查对象有 45 个，差错率为 6.6%，见表 14-3。

表 14-3　生活源（非工业企业单位锅炉除外）错误汇总

表格代码	错误率	主要问题类型
S101	3.55%	使用燃煤的居民家庭户数、居民洁净煤、第三产业燃煤、农村生物质燃料、农村管道燃气、农村罐装液化石油气年使用量未填写
S102	4.62%	人粪尿、生活污水直接入水体的户数、直排入户用污水处理设备户数未填；垃圾运转至城镇处理、镇村范围内无害化处理、无处理等方式户数未填写
S103	5.63%	联系人未填写；地理坐标未填写
S104	6.48%	区划代码错误；排污口类别、排污口规模、排污口类型、入河（海）方式等未填写
S105	3.75%	化学需氧量、五日生化需氧量、氨氮、总氮、总磷、动植物油浓度未填写

（4）与统计数据的对比分析得分为 17 分，参评指标共 6 项，其中与统计部门数据差异较大的指标有 1 项。

四、非工业企业单位锅炉

非工业企业单位锅炉普查数据审核得分为 70 分，其中：

（1）清查整改工作评估得分为 10 分，该地区开展了清查数据自查自审，并按照审核结果开展了整改。

（2）普查对象数量审核得分为 5 分，在 10 个乡镇街道中有 5 个街道未上报。

（3）基本信息与生产活动水平汇总数据审核得分为 43 分，该区域内共有普查对象 341 个，普查表出现异常或错误的普查对象有 97 个，差错率为 28.4%。

（4）与统计数据的对比分析得分为 12 分，参评指标共 5 项，其中与统计部门数据差异较大的指标有 2 项。

五、集中式污染治理设施

集中式污染治理设施普查数据审核得分为 85 分，其中：

（1）清查整改工作评估得分为 10 分，该地区对下辖各级行政区域范围内的集中式污染治理设施清查数据开展了自查自审，并按照审核结果开展了整改。将普查数据中集中式污染治理设施的名称、企业代码（统一社会信用代码、组织机构代码）与 2017 年已发放排污许可证的排污单位以及 2018 年重点排污单位名单的名称、代码（统一社会信用代码、组织机构代码）进行匹配对比，查漏补缺。

（2）普查对象数量审核得分为 7 分，在 10 个乡镇街道中有 3 个街道未上报。

（3）基本信息与生产活动水平汇总数据审核得分为 55 分，该区域内共有普查对象 204 个，普查表出现异常或错误的普查对象有 17 个，差错率为 8.3%，见表 14-4。

表 14-4　集中式污染治理设施错误汇总

表格代码	错误率	主要问题类型
J101-1	7.87%	普查自编码 3～14 位与区划代码不匹配
J101-2	4.78%	用电量未填写；再生水量未填写或不满足要求
J101-3	6.63%	动植物油、总砷、总铅等浓度指标未按要求填报
J102-1	2.86%	普查自编码 3～14 位与区划代码不匹配
J102-2	2.86%	正在填埋作业区面积未填写
J103-1	5.00%	脱硫、脱硝方式名称及代码、危险废物利用处置方式未填写
J103-2	25.00%	年运行天数、处置利用总量、综合利用危险废物量未填写
J104-1	0	—
J104-2	0	—
J104-3	0	—

（4）与统计数据的对比分析得分为 18 分，参评指标共 10 项，其中与统计部门数据差异较大的指标有 1 项。

六、入河（海）排污口

入河（海）排污口普查数据审核得分为 90 分，其中：

（1）清查整改工作评估得分为 10 分，该地区对下辖各级行政区域范围内的入河（海）排污口清查数据开展了自查自审，并按照审核结果开展了整改。

（2）普查对象数量审核得分为 7 分，在 10 个乡镇街道中有 3 个街道未上报。

（3）基本信息与生产活动水平汇总数据审核得分为 55 分，该区域内共有普查对象 136 个，普查表出现异常或错误的普查对象有 11 个，差错率为 8.1%。

（4）与统计数据的对比分析得分为 18 分，参评指标共 10 项，其中与统计部门数据差异较大的指标有 1 项。

七、评估结果

根据该地区各类源的评估打分结果，折算评估总得分。该地区工业源数据审核得分为 80 分，工业源的普查数量占普查对象总数的 50%，工业源折算得分为 40 分；农业源数据审核得分为 70 分，农业源普查数量占普查对象总数的 30%，农业源折算得分为 21 分；生活源（非工业企业单位锅炉除外）审核得分为 90 分，生活源（非工业企业单位锅炉除外）普查数量占普查对象总数的 10%，生活源（非工业企业单位锅炉除外）折算得分为 9 分；非工业企业单位锅炉审核得分为 70 分，非工业企业单位锅炉普查数量占普查对象总数的 5%，折算得分为 3.5 分；集中式污染治理设施审核得分为 85 分，集中式污染治理设施普查数量占普查对象总数的 3%，折算得分为 2.55 分；入河（海）排污口数据审核得分为 90 分，入河（海）排污口普查数量占普查对象总数的 2%，折算得分为 1.8 分。各类源的折算得分加和得到该地区基本信息与产业活动水平数据审核评估得分为 77.85 分，见表 14-5。

表 14-5　基本信息与产业活动水平数据审核评估得分

污染源	评估得分	数量占比	折算得分
工业源	80	50%	40
农业源	70	30%	21
生活源（非工业企业单位锅炉除外）	90	10%	9
非工业企业单位锅炉	70	5%	3.5
集中式污染治理设施	85	3%	2.55
入河（海）排污口	90	2%	1.8
基本信息与产业活动水平数据审核评估得分			77.85

第十五章　综合评估案例

采用查阅档案、发放问卷、抽查调查等方法，对市$_{AA}$"二污普"工作和普查数据的质量进行客观公正的评价，结果如下。

一、普查工作完成情况

市$_{AA}$及抽取的区$_B$、区$_C$两个县级行政区的普查工作完成情况评估如下：

（一）普查组织实施

1. 机构、人员落实情况

市$_{AA}$成立了由主管副市长任组长、多个市级部门为成员单位的市$_{AA}$第二次全国污染源普查领导小组。领导小组下设办公室，由市环保局局长任主任，具体负责全市普查日常工作。区$_B$、区$_C$均成立了相应的第二次全国污染源普查领导小组、普查工作办公室，办公室设综合组、现场督办组、技术组和宣传组4个组。

2. "两员"管理

区$_B$普查办选聘16人为普查指导员、123人为普查员。区水务局、区农业局分别选聘普查指导员1人、55人，分别选聘普查员3人、78人。入户调查阶段，区$_B$普查办选聘普查指导员16人，普查员80人，普查员和普查指导员已满足配备清查建库时污染源数量要求。区$_C$选聘普查指导员7人，普查员43人，普查员和普查指导员已满足配备清查建库时污染源数量要求。

3．普查培训

市$_{AA}$在全市范围内举办了 12 次专题技术培训，各县（区）、开发区也在各阶段开展了本区域的普查技术培训，共培训 102 场（次），培训人员 4 743 人（次）。培训的参会人员名单、培训资料等均完整、规范。

4．宣传动员

区$_B$普查办组织各类宣传活动 7 次，制作宣传横幅 2 条，各类宣传展板 4 块，发放宣传横幅 63 条，向群众发放各类宣传品近万份。向普查员和普查指导发放宣传工作帽和工作笔记 150 多套，印制发放《致区$_B$污染源普查对象的公开信》4 000余份。区$_C$普查办发放普查宣传小手册、宣传画板、宣传海报、环保小礼品等 1 000余份，印制发放 500 份《致区$_C$污染源普查对象的一封公开信》。

5．名录比对

市$_{AA}$普查办针对第四次全国经济普查清查名录、2017 年全年用电量大于 1 万千瓦·时的工业企业清单、重污染天气应急名单、"12369"等其他信访举报清单、强化监督定点帮扶检查名录、"散乱污"企业排查清单，确定疑似漏查企业名单，组织人员对疑似漏查企业进行现场核实，确定其是否在"二污普"的范围内，对于范围内的漏查企业，进行了现场填报、增补。

6．入河（海）排污口监测

区$_B$通过对辖区入河（海）排污口进行摸排清查，确定列入普查范围入河（海）排污口 108 个，区$_C$共确定符合普查条件的入河（海）排污口 2 个，监测因子有流量、化学需氧量、五日生化需氧量、氨氮、总氮、总磷、动植物油 7 项，监测因子全面。

7．清查建库

市$_{AA}$普查办对下辖各级行政区域范围内的全部工业企业和产业活动单位、规模化畜禽养殖场、集中式污染治理设施、生活源锅炉和入河（海）排污口开展清查。参照清查基本名录库，排重补漏，核实完善清查对象信息，建立普查基本单位名录库。

市$_{AA}$清查底册的工业企业名录库为 25 253 家，清查后新增 984 家，均已完成企业运行状态等全部标注，最后确定纳入普查范围的工业企业 6 641 家，不纳入普查范围的工业企业 13 263 家；新增集中式污染治理设施 89 个，确定纳入普查的集中式污染治理设施 132 个；生活源锅炉 2 697 台；农业源名录库普查对象 6 493 个，新增 249 个，共计 6 742 个，确定纳入普查的规模化畜禽养殖 877 家；确定入河（海）排污口 398 个，其中规模以上排污口 82 个。

8. 工业源特色普查

《××省第二次全国污染源普查实施方案》中增加了对市级经济技术开发区、高新技术产业开发、保税区、出口加工区等各类开发区中的工业园区（产业园区）的登记调查。增加了 G109 表，普查对象为省内重点能源化工企业和有色金属冶炼企业的生产活动中无组织污染源排放及控制措施信息。市$_{AA}$共有 131 家企业填报了 G109 表，其中区$_B$ 15 家、区$_C$ 15 家。

9. 农业源特色普查

《××省第二次全国污染源普查实施方案》中增加了农业源水果套袋、农药、化肥包装废弃物应用及回收利用情况的普查工作。增加普查 N204 系列表格："县（区、市）水果套袋应用及回收基本情况"（N204-1 表）、"县（区、市）农药包装废弃物应用及回收基本情况"（N204-2 表）、"县（区、市）化肥包装废弃物应用及回收基本情况"（N204-3 表），由各区县农业部门填报。市$_{AA}$均按要求进行了填报，未漏填。

10. 普查档案管理

市$_{AA}$普查办成立了档案管理组，设立了普查档案总管理员，设立综合组、技术组、数据组、宣传组 4 名档案管理员及 1 名财务档案联络员，普查档案库房和借阅室有专人管理，形成了污染源普查档案借阅制度；已形成档案目录和备考表，完成照片档案和光盘档案的说明、编号以及档案盒册封；对污染源类的"一企一档"进行细化；已完成普查纸质档案的扫描工作，建立了电子档案。

区B普查办明确了档案管理责任，指定专人对全区污染源普查档案进行管理。2017 年度和 2018 年度污染源普查档案已经完成整理归档，污染源类按照"一企一档"要求，区B已形成电子档案。区C建立了文件材料归档制度，完成相关文件材料的收集、整理、归档、保管等工作；普查文件、表册、资料、音像、实物等都一一予以归档，放置于普查办档案柜并已形成电子档案。普查档案由 2 人专门管理，待普查验收后统一上交管委会档案管理中心统一存放。

（二）普查质量管理

1. 责任体系建立

市AA建立了责任体系，明确了责任分工。普查办领导小组负责领导和协调全市污染源普查工作，市普查领导小组办公室负责污染源普查日常工作，指导、检查和验收各县（区）、开发区及相关部门普查工作，主要职责是：组织拟定全市污染源普查工作方案，并组织实施；组织开展全市污染源普查工作的宣传报道和培训；对污染源普查工作进行业务指导、检查和验收；向省级普查领导小组提交普查报告，根据省级普查领导小组的决定发布普查数据。

2. 质量核查

清查数据核查：市AA建立了清查核查抽样制度，核查覆盖全市所有县（区）、开发区。2018 年 6 月，市AA普查办形成了 5 个核查小组，对全市 20 个县（区）、开发区开展市级清查质量核查。核查以查资料、看现场为主要方式进行，对于清查质量核查过程中发现的问题现场进行反馈，并立即整改。

入户阶段质量自审：市AA普查办多次组织人员深入企业现场进行报表填报质量核查，重点选取辖区内确定的重点污染源企业、主要行业及有代表性的行业进行质量核查，形成《市AA污染源普查入户调查市级质量核查报告》。

普查数据核算质量核查：市AA集中力量对各县（区）、开发区普查办的数据核算阶段工作进行质量核查，重点核查了国家集中反馈问题的整改情况、两次开展的普查对象名录库比对情况、普查档案建设及管理情况，形成《市AA污染源普查数据核算阶段质量核查自查报告》。

强化普查数据审核和质量核查：市$_{AA}$普查办于 2019 年 1 月将省强化污染源普查数据审核和质量核查工作的通知转发至下辖县（区），要求做好自审工作，会同农业、水利部门对 5 类污染源报表填报数据开展同步审核。

（三）普查支撑及队伍建设

1. 普查成果支撑环境管理工作情况

市$_{AA}$普查数据在全市生态环境系统进行的排污许可登记核发、入河道排污口排查、大气污染治理等工作中已经得到部分应用。

2. 业务骨干培养情况

市$_{AA}$在普查工作业务中培养了一批业务骨干，其中有 7 人参加了国家普查办组织的普查质量核查检查工作，有 17 人参加了省普查办组织的普查质量核查检查工作，另外，有 1 人在省级培训班授课。

3. 生态环境专业队伍建设情况

市$_{AA}$参与普查工作的人员共 2 157 人，其中参与普查工作的生态环境部门人员有 946 人，占总参与人数的 43.9%；选聘普查指导员 222 人，其中生态环境部门人员 153 人，占普查指导员的 68.9%；生态环境部门 30 岁以下人员 687 人，占生态环境部门人数的 72.6%，体现了市$_{AA}$重视年轻队伍的培养。

二、普查数据质量

（一）普查对象的覆盖度

1. 与排污许可证发布名录比对

将普查数据中工业源、集中式污染治理设施与 2017 年已发放排污许可证的排污单位的名称、企业代码（统一社会信用代码、组织机构代码）进行匹配对比。

结果显示不匹配对象有 6 家，经核实，其中 2 家已纳入普查，4 家不在普查范围内，不存在漏查。

2．与重点排污单位名单比对

将普查数据中工业源、规模化畜禽养殖场、集中式污染治理设施的名称、代码（统一社会信用代码、组织机构代码）与 2018 年重点排污单位名单进行匹配分析。结果显示不匹配的有 7 家，经核实，7 家均不属于普查范围，不存在漏查对象。

3．S102 表漏填率

将市$_{AA}$填报了 S102 表（行政村生活污染基本信息）的行政村目录与行政村名录进行匹配，不匹配的行政村有 195 个，经核实，其中 97 个已填报，71 个已合并至其他行政村填报，25 个已拆迁，2 个非行政村不纳入普查，不存在漏填情况。

4．县（区）综表漏填率

将市$_{AA}$填报了 N201-1 表、N201-2 表、N201-3 表、N202 表、N203 表、S202 表的县（区）目录与市$_{AA}$县（区）名录进行匹配，不存在漏填情况。

5．地市综表漏填率

核查市$_{AA}$是否填报 S201 表、Y201-1 表、Y201-2 表、Y202-1 表、Y202-2 表、Y202-3 表、Y202-4 表、Y203 表，比对结果显示疑似漏填报表 Y202-3 一份，经核实，市$_{AA}$无机动渔船，无法填写，不存在漏填情况。

（二）普查数据的准确性

采用随机抽取的方式开展普查数据质量的评价，具体情况如下。

1．工业源普查数据指标差错率

随机抽取了 100 家工业企业对关键指标进行审核，抽选结果覆盖了市$_{AA}$下辖的多个县（区），涵盖机械零部件加工、木质家具制造、金属门窗制造、金属结构制造等 62 个行业，其中包括中型企业 1 家、小型企业 26 家、微型企业 73 家。通过数据审核，抽取的 100 家企业关键指标总数为 3 901 个，关键指标疑似问题数 18

个，市AA工业源普查数据关键指标差错率为0.5%，详见表15-1。

表 15-1　市AA工业源普查数据指标抽查情况

序号	单位详细名称	行业名称	行业代码	企业规模	关键指标总数/个	关键指标疑似问题数/个
1	A 齿轮有限公司	机械零部件加工	3484	微型	36	1
2	B 机械制造有限公司	机械零部件加工	3484	微型	36	1
3	C 机械加工厂	机械零部件加工	3484	微型	36	1
4	D 混凝土有限公司	水泥制品制造	3021	小型	49	1
5	E 机械加工厂	机械零部件加工	3484	微型	36	1
6	F 机械加工厂	其他通用零部件制造	3489	微型	36	1
7	G 机械有限公司	其他机械和设备修理业	4390	小型	44	2
8	H 电子有限公司	其他金属工具制造	3329	小型	36	1
9	I 机械厂	金属结构制造	3311	微型	33	1
10	J 机械有限公司	机械零部件加工	3484	微型	36	1
11	K 酿造有限公司	酱油、食醋及类似制品制造	1462	微型	55	1
12	L 冷拔材有限责任公司	钢压延加工	3130	小型	51	1
13	M 食品有限公司	方便面制造	1433	微型	61	1
14	N 装备分公司	金属表面处理及热处理加工	3360	微型	51	1
15	O 纸厂	加工纸制造	2223	微型	33	1
16	P 机械加工厂	其他金属加工机械制造	3429	微型	39	1
17	Q 电池有限公司	锂离子电池制造	3841	中型	61	1

2. 农业源普查数据指标差错率

随机抽取了10家规模化养殖场对关键指标进行审核，抽选结果覆盖了市AA下辖的5个县（区），其中蛋鸡养殖场5家，肉牛、奶牛养殖场2家，肉鸡养殖场1家。通过数据审核，抽取的10家规模化养殖场关键指标总数110个，关键指标疑似问题2个，市AA农业源普查数据关键指标差错率1.8%，详见表15-2。

表 15-2　市_{AA}农业源普查数据指标抽查情况

序号	养殖场名称	养殖种类	关键指标总数/个	关键指标疑似问题数/个
1	A 家庭农场	蛋鸡	11	0
2	B 养鸡场	蛋鸡	11	0
3	C 养殖场	蛋鸡	11	0
4	D 牧业有限公司	蛋鸡	11	0
5	E 生态农业专业合作社	蛋鸡	11	0
6	F 奶牛小区	奶牛	11	0
7	G 养殖场	肉鸡	11	0
8	H 肉牛养殖场	肉牛	11	0
9	I 金牛养殖场	肉牛	11	0
10	J 奶牛厂	奶牛	11	2

3. 生活源普查数据指标差错率

随机抽取了 10 台非工业企业单位锅炉对关键指标进行审核，差错率为 0；随机抽取了 10 个入河（海）排污口对关键指标进行审核，差错率为 0。市_{AA}生活源普查数据指标差错率为 0。

4. 集中式污染治理设施普查数据指标差错率

随机抽取了 1 家集中式污水处理厂对关键指标进行审核，差错率为 0；随机抽取了 1 家生活垃圾集中处置场（厂）对关键指标进行审核，差错率为 0；抽取了市_{AA}危险废物集中处置厂对关键指标进行审核，关键指标总数为 63 个，关键指标疑似问题数为 1 个，关键指标差错率为 1.6%，详见表 15-3、表 15-4。市_{AA}集中式污染治理设施普查数据关键指标差错率为 0.7%。

表 15-3　市_{AA}集中式普查数据指标抽查情况

序号	单位详细名称	污水处理设施类型	关键指标总数/个	关键指标疑似问题数/个
1	A 污水处理厂	农村集中式污水处理设施	12	0
2	B 生活垃圾卫生填埋场	生活垃圾处理厂	71	0
3	C 水泥有限公司	其他企业协同处置	63	1

表 15-4　市AA 集中式普查数据关键指标差错情况

序号	单位详细名称	表名	指标序号	指标名称	指标值	审核规则描述
1	C 水泥有限公司	J103-2	41	废水产生量/米³	0	必须大于 0（运行天数大于 0 的企业）

5. 移动源普查数据指标差错率

随机抽取了 6 家加油站对关键指标进行审核，差错率为 0；随机抽取了 2 家储油库对关键指标进行审核，差错率为 0；随机抽取了 2 家油品运输企业对关键指标进行审核，差错率为 0。市AA 移动源普查数据关键指标差错率为 0。

市AA 5 类污染源抽查普查数据的关键指标差错率如表 15-5 所示。

表 15-5　市AA 普查数据关键指标差错率情况

污染源类别	出现差错的关键指标数量/个	抽取普查对象的关键指标总数/个	关键指标差错率/%
工业源	18	3 868	0.5
农业源	2	110	1.8
生活源	0	150	0
集中式污染治理设施	1	146	0.7
移动源	0	24	0

三、产排污核算数据质量

将各县（区）的二氧化硫、氮氧化物和颗粒物的排放量核算数据与 2017 年各县（区）二氧化硫、氮氧化物和可吸入颗粒物的年均浓度进行对比，分析污染物产排污数据是否与环境质量状况相匹配，该项指标不参与评分。

市AA 环境空气污染物排放量与污染物年均浓度匹配分析结果如图 15-1~图 15-3 所示。从分析结果来看，市AA 二氧化硫排放量较低但年均浓度较高的有 a 和 b；氮氧化物排放量较低但年均浓度较高的有 c、d 和 e；颗粒物排放量较低但年均浓度较高的有 d、e、f、g 和 h。总体来看，市_{AA}大多数县（区）的环境空气污染物排放量与污染物年均浓度都是较为匹配的，不匹配的区域大多数是市_{AA}的城区，问题都是属于污染物的排放量较低但年均浓度较高，出现不匹配的原因可能是大气污染受到外来传输的影响。

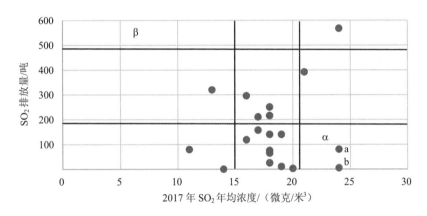

图 15-1　市$_{AA}$ SO_2 排放量与 SO_2 年均浓度比较分析

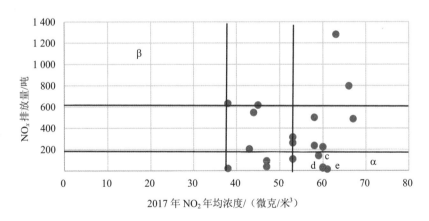

图 15-2　市$_{AA}$ 氮氧化物排放量与二氧化氮年均浓度比较分析

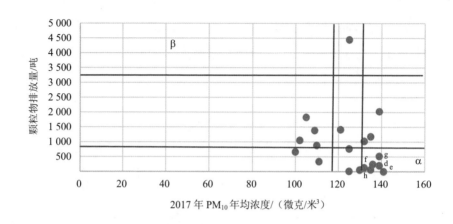

图 15-3　市AA颗粒物排放量与可吸入颗粒物年均浓度比较分析

四、评估结果

　　××省第二次全国污染源评估小组以问卷调查的形式,邀请了 12 位专家分别针对一级指标、二级指标和三级指标的权重进行打分,采用 AHP 法计算出一级指标、二级指标和三级指标的权重。按照《××省第二次全国污染源普查质量评估实施方案》中各项指标的评估标准,根据各地级行政区第二次全国污染源普查工作情况及普查数据质量状况,对每项指标逐一打分,最后通过模型计算得出总体评分。

　　如表 15-6 所示,市AA的总体评分为 91.6 分,属于优秀等级。从市AA各项指标评估结果来看,市AA在普查支撑及队伍建设方面略有欠缺,普查数据质量总体较好。

表 15-6　市ᴀᴀ评估结果汇总

一级指标	权重	二级指标	权重	三级指标	分数	权重
普查工作情况	0.495	普查组织实施	0.511	机构、人员落实情况	10	0.095
				"两员"管理	10	0.062
				普查培训	10	0.108
				宣传动员	7	0.078
				名录比对	10	0.104
				入河（海）排污口监测	6	0.088
				清查建库	10	0.115
				工业源特色普查	10	0.122
				农业源特色普查	10	0.108
				普查档案管理	10	0.120
		普查质量控制	0.307	责任体系建立	10	0.486
				质量核查	10	0.514
		普查支撑及队伍建设	0.182	普查成果支撑环境管理工作情况	6	0.357
				业务骨干培养情况	10	0.325
				生态环境专业队伍建设情况	6	0.318
普查数据质量	0.505	普查对象的覆盖度	0.484	与排污许可证发布名录对比	10	0.245
				与重点排污单位名单对比	10	0.248
				S102 表漏填率	10	0.167
				县（区）综表漏填率	10	0.172
				地级行政区综表漏填率	10	0.167
		普查数据的准确性	0.516	工业源普查数据指标差错率	9	0.227
				农业源普查数据指标差错率	3	0.213
				生活源普查数据指标差错率	10	0.199
				集中式污染治理设施普查数据指标差错率	10	0.191
				移动源普查数据指标差错率	10	0.171